高等职业教育市政工程类专业融媒体系列教材

BIM 管线综合

刘仁涛 **主 编**

齐世华 盖兆梅 **副主编**

边喜龙 **主 审**

中国建筑工业出版社

图书在版编目（CIP）数据

BIM 管线综合 / 刘仁涛主编；齐世华，盖兆梅副主
编 . -- 北京：中国建筑工业出版社，2025.7. --（高
等职业教育市政工程类专业融媒体系列教材）. -- ISBN
978-7-112-31312-9

Ⅰ . TH-39

中国国家版本馆 CIP 数据核字第 20258Y0Y10 号

本教材共 4 个模块。模块 1 介绍了 MEP 项目文件的创建方法及建筑模型创建的方法。模块 2 介绍了给水排水、消防、暖通空调及电气系统的创建。模块 3 介绍了管线综合碰撞检查与优化。模块 4 介绍了 MEP 族的创建。教材结合 "1+X" 真题全程实操，易于教与学。

本教材系列可作为高等职业教育给水排水工程技术、环境工程技术、供热通风与空调工程技术、水电工程技术、建筑设备工程技术等专业的教材，也可作为职业培训教材，还可供相关专业工程技术人员参考。

为了便于教学，作者特别制作了配套教师课件，任课教师可以通过如下途径申请：
1. 邮箱 jckj@cabp.com.cn，12220278@qq.com
2. 电话：（010）58337285
3. 建工书院 http://edu.cabplink.com

随堂习题答案

责任编辑：吕 娜 聂 伟 王美玲
责任校对：张 颖

高等职业教育市政工程类专业融媒体系列教材

BIM 管线综合

刘仁涛 主 编
齐世华 盖兆梅 副主编
边喜龙 主 审

*

中国建筑工业出版社出版、发行（北京海淀三里河路 9 号）
各地新华书店、建筑书店经销
北京雅盈中佳图文设计公司制版
北京同文印刷有限责任公司印刷

*

开本：787 毫米 ×1092 毫米 1/16 印张：$12\frac{1}{2}$ 字数：253 千字
2025 年 9 月第一版 2025 年 9 月第一次印刷
定价：**42.00** 元（附数字资源及赠教师课件）
ISBN 978-7-112-31312-9
（45251）

前言

机电专业所包括的多个子专业的设计被称为管线综合设计。在 BIM 未出现之前，各子专业都是根据建筑专业提供的条件图来进行本专业的设计，并通过本专业的平面图纸来表达。这时就会出现一些问题，例如：各专业只能控制自己管线的位置，而没有考虑其他专业管线的位置；机电专业只参照建筑专业的条件图设计，而没有考虑与结构专业的关系；如此等。然而，BIM 技术的出现，就可以顺利解决以上问题。制作机电 BIM 模型，可以将建筑、结构和机电专业中所有的构件全部集成在一个项目文件中，应用 BIM 管线综合技术，能避免管线碰撞和专业碰撞，以减少代价高昂的现场返工问题。

2019 年初，国务院印发《国家职业教育改革实施方案》，要求在职业院校、应用型本科高校启动"学历证书 + 若干职业技能等级证书"制度（"1 + X"证书制度）试点工作。为此，教育部等四部委面向 20 个技能人才紧缺领域启动试点工作，建筑信息模型（BIM）等 5 个职业技能成为首批试点领域。教材精选近年来"1+X"初级和中级考试真题中的典型试题，将 BIM 管线综合技术与"1+X"证书制度紧密结合、无缝衔接，引导学生在完成"1+X"真题的同时，获得相应的技能。

教材知识框架，力求体现高职教育的特点，从培养技术技能型人才出发，体现教学内容的全面性、系统性、针对性和实用性。并且，教材内容设置还具有一定的先进性和拓展性。本教材内容共分为 4 个模块，12 个单元。模块 1 介绍了 MEP 项目文件的创建方法，以及建筑模型创建的基本方法和技巧，为模块 2 做好了铺垫，打好了基础。模块 2 介绍了管道系统、给水排水系统、消防系统、暖通空调系统、电气系统的创建，以及工程量统计和图纸创建等内容。模块 3 介绍了管线综合碰撞检查与优化的相关内容。模块 4 介绍了 MEP 族的创建，主要选取了消火栓箱和喷淋稳压罐这两个具有代表性的典型案例，主要讲解了它们的建模方法和技巧以及参数设置的相关问题。教材内容结合了最新规范和标准，反映了本专业技术领域内新的技术成果。教材全程采用实操，步骤清晰，易于教与学。同时，在"产教融合、校企合作"历史趋势和发展潮流下，努力践行"三教改革"，将企业资深专业人士引入教材编写队伍，吸收来自企业的经验和需求。

本教材可作为高等职业教育给水排水工程技术、环境工程技术、供热通风与空调工程技术、水电工程技术、建筑设备工程技术等专业的教材，也可作为职业培训教材，还可供相关专业工程技术人员参考。

本教材的主编为黑龙江建筑职业技术学院刘仁涛教授，主审为黑龙江建筑职业技术学院边喜龙教授。副主编为黑龙江建筑职业技术学院齐世华、沈义和东北农业大学盖兆梅。其他参编人员还有黑龙江建筑职业技术学院杨丽英、罗娇赢、王彩蓄、于明珂、王红梅。具体分工如下：单元 1 由盖兆梅编写，单元 2 由沈义编写，单元 3 由杨丽英编写，单元

4~6 由刘仁涛编写，单元 7~8 由齐世华编写，单元 9 由罗娇蠃编写，单元 10 由王彩蓄编写，单元 11 由于明珂编写，单元 12 由王红梅编写，所有习题由黑龙江省龙建路桥第四工程有限公司薛文明编写。

对于中国建筑工业出版社在本教材编写和出版过程中给予的大力支持与帮助，在此表示衷心感谢！

本教材的编写工作，还得到了哈尔滨中浦市政环境有限公司蒋宇经理、黑龙江碧水源环保工程有限公司王明刚经理以及哈尔滨新尔环保技术开发有限公司曹立群经理的大力支持和帮助，在此一并表示感谢！

由于编者水平有限，本教材的缺点和错误在所难免，敬请读者批评指正。

目　录

MEP 项目文件及建筑模型创建

【思维导图】

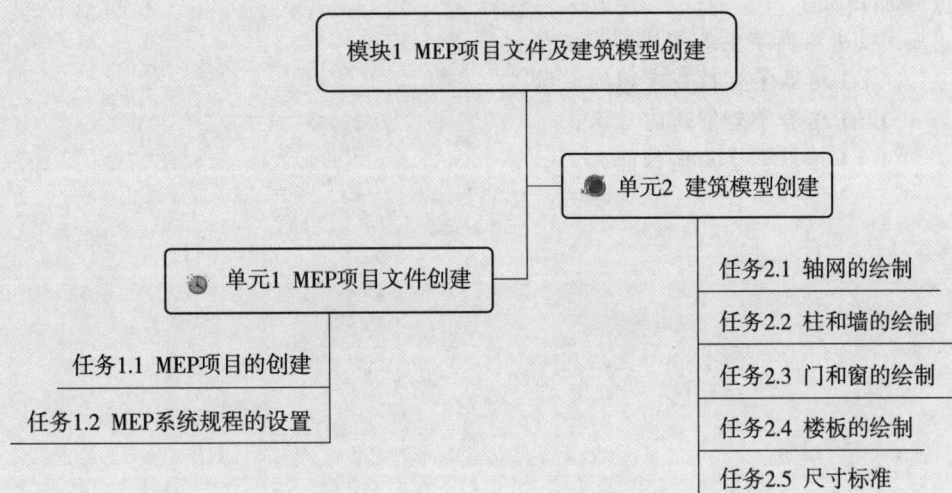

机电 BIM
的重要性

【知识目标】

（1）掌握 MEP 项目创建的方法及技巧；

（2）掌握 MEP 系统规程设置的方法和技巧；

（3）掌握建筑轴网的识读方法和技巧；

（4）掌握柱和墙的绘制方法和技巧；

（5）掌握门和窗的绘制方法和技巧；

（6）掌握建筑楼板和尺寸标注的绘制方法和技巧。

【能力目标】

（1）具备 MEP 项目创建的能力；

（2）具备 MEP 系统规程设置的能力；

（3）具备轴网和标高绘制和编辑的能力；

（4）具备柱、外墙和内墙绘制的能力；

（5）具备卫生间隔断绘制的能力；

（6）具备门族参数设置及门绘制的能力；

（7）具备窗族参数设置及窗绘制的能力；

（8）具备楼板和尺寸标注绘制的能力。

【素质目标】

（1）培养学生的组织规划意识；

（2）培养学生精益求精的意识；

（3）培养学生创新的意识；

（4）培养学生沟通的能力。

模块 1 和模块 2 以《2020 年第二期"1+X"建筑信息模型（BIM）职业技能等级考初级实操试题第三大题综合建模中的考题二：根据要求创建建筑及机电模型》为实例进行讲解。在模块 1 和模块 2 中，简称为"真题"。

单元 1　MEP 项目文件创建

任务 1.1　MEP 项目的创建

1. MEP 简介

MEP 是机电专业的简称，机电专业分为机械（Mechanical）、电气（Electrical）和管道（Pluming）三个子专业，MEP 即取三个专业的英文首字母而来。如果再细分的话，机电专业包括给水、热给水、污水、采暖、通风、空调、消防、强电、弱电等多个子专业。单个机电子专业的设计被称为管线设计，而多个机电子专业的设计被称为管线综合设计。为了便于理解，借助于 Revit 样板文件来进行说明，如图 1-1 所示。

图中是 Revit 软件系统自带的样板文件，一共有 7 个。其中，Default CHSCHS 是系统默认的样板文件，其余几个则是专业样板文件。最后一个 Systems-DefaultCHSCHS 是系统样板文件，它包含建筑样板文件（Construction-DefaultCHSCHS）、结构样板文件（Structural Analysis-DefaultCHNCHS）和机电

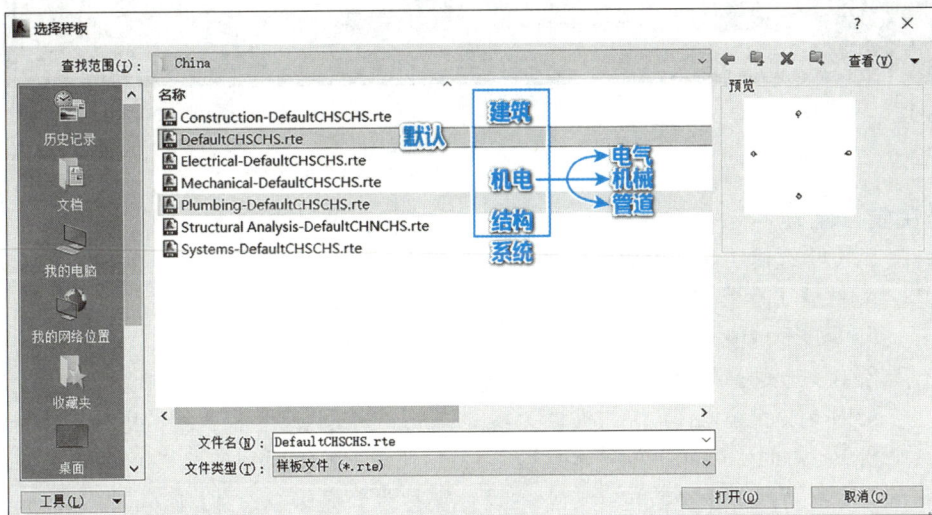

图 1-1

样板文件。机电没有单独的样板文件，而是分为机械样板文件（Mechanical-DefaultCHSCHS）、电气样板文件（Electrical-DefaultCHSCHS）和管道样板文件（Plumbing-DefaultCHSCHS），也就是 MEP。MEP 是本门课程的核心，在学习本门课程的时候，因为我们绘制的图形不仅仅是 MEP 图，也包括建筑图，所以在绘制图形的时候，通常选择系统样板文件（Systems-DefaultCHSCHS）。

2. MEP 项目的创建

打开 Revit 软件→在【项目】下单击【新建】→【浏览】→弹出【选择样板】对话框→选择"系统样板（Systems-DefaultCHSCHS）"→单击【打开】→单击【确定】，如图 1-2 所示。

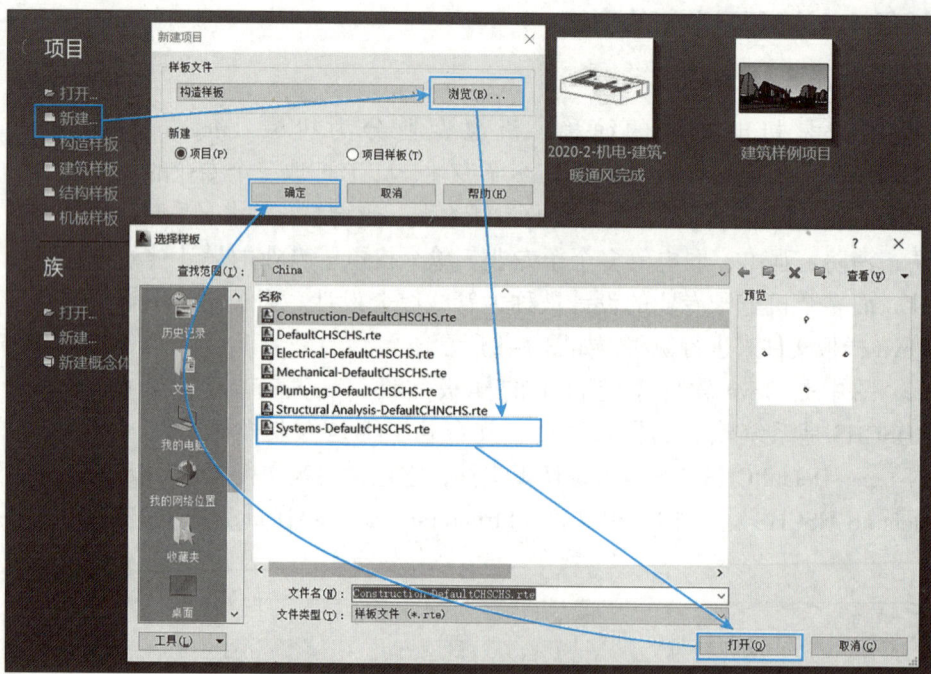

图1-2

【随堂习题】

1.（单选题）MEP 中的 P 指的是什么？（　　）

A. 机械子专业　　　　　　　　　　B. 电气子专业

C. 管道子专业　　　　　　　　　　D. 机电子专业

2.（多选题）关于 MEP，以下说法中正确的有（　　）。

A. M（Mechanical）指"机械"　　　B. E（Electrical）指"电气"

C. P（Water Pump）指"水泵"　　　D. P（Plumbing）指"管道"

3.（判断题）多个机电子专业的设计被称为管线综合设计。（　　）

任务 1.2   MEP 系统规程的设置

真题中并未要求设置规程，但是本题当中涉及建筑、暖通风、消防、给排水等多个专业。对于多专业协同作业，为了操作方便、提高绘图效率，有必要对规程进行设置。需要注意的是，系统自带建筑、结构、机械、卫浴、电气、协调 6 个规程，这既不能修改也不能增减，其中，"协调"规程涵盖其他所有规程。我们所能设置的规程是子规程。

1. MEP 规程的建立

MEP 规程建立的具体操作方法和步骤如下：

（1）【项目浏览器】→在"卫浴→楼层平面"下的"1- 卫浴"上单击右键→【复制视图】→【带细节复制】，如图 1–3 所示。

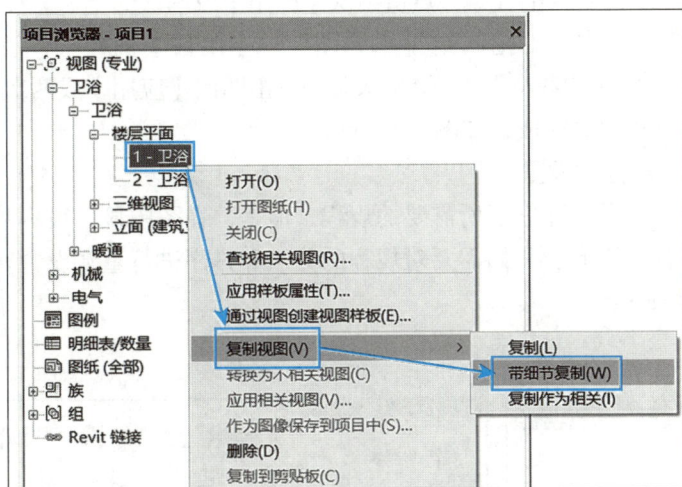

图 1–3

（2）在新复制出来的视图名称上右键单击→重命名，新名称为"卫生间给排水详图"→【确定】，如图 1–4 所示。

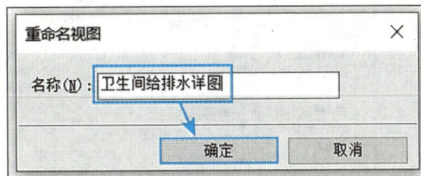

图 1–4

（3）用同样的方法建立"消火栓平面图"。

（4）用"电气→照明→楼层平面"下的"1- 照明"复制生成"电气平面图"。

（5）用"暖通→楼层平面"下的"1–机械"复制生成"暖通风平面图"。

（6）用"暖通→楼层平面"下的"1–机械"复制生成"建筑平面图"。

复制结果如图 1–5 所示。

（7）单击选中"建筑平面图"→【属性】面板→规程改为"建筑"→在子规程栏内输入"01–建筑"→点击两次【应用】或两次回车，如图 1–6 所示。得到结果如图 1–7 所示。

（8）单击选中"暖通风平面图"→【属性】面板→规程改为"机械"→在子规程栏内输入"02–暖通风"→点击两次【应用】或两次回车。

（9）单击选中"消火栓平面图"→【属性】面板→规程改为"卫浴"→在子规程栏内输入"03–消防"→点击两次【应用】或两次回车。

（10）单击选中"电气平面图"→【属性】面板→规程改为"电气"→在子规程栏内输入"04–电气"→点击两次【应用】或两次回车。

（11）单击选中"卫生间给排水详图"→【属性】面板→规程改为"卫浴"→在子规程栏内输入"05–给排水"→点击两次【应用】或两次回车。

所有子规程建立完成，如图 1–8 所示。

2. MEP 规程的设置

目前，我们虽然建立了所需要的规程，但是，在图中显得很凌乱，使用起来不是很方便。因此，我们需要对规程的分级和排序进行重新设置。具体操作方法和步骤如下：

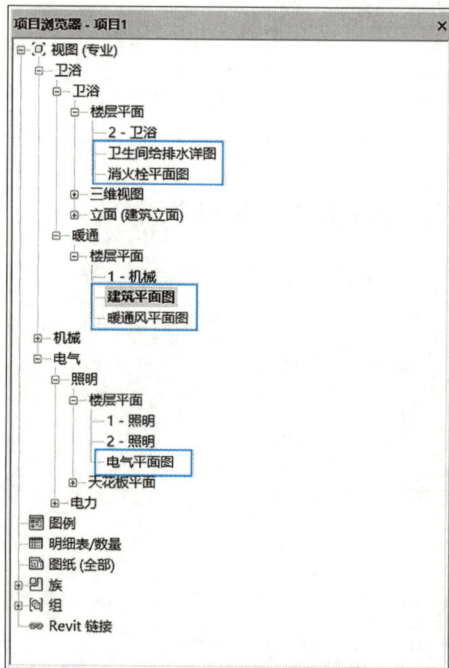

图 1-5

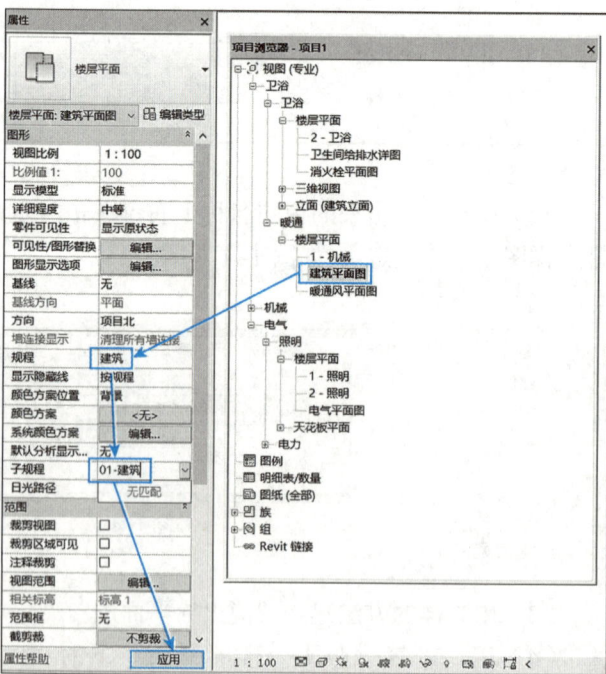

图 1-6

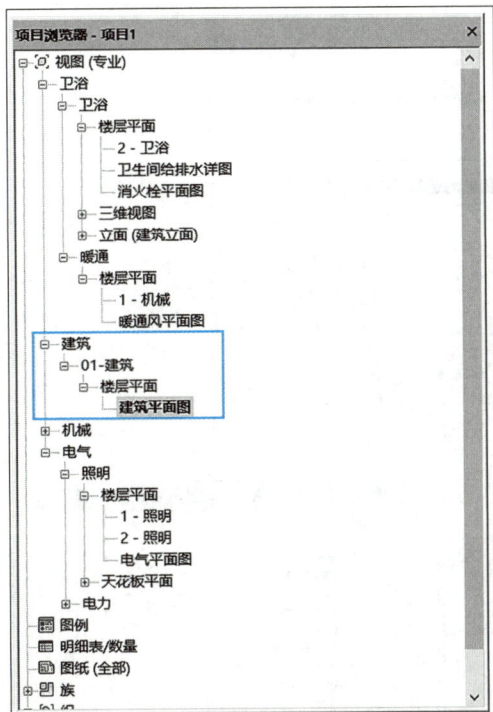
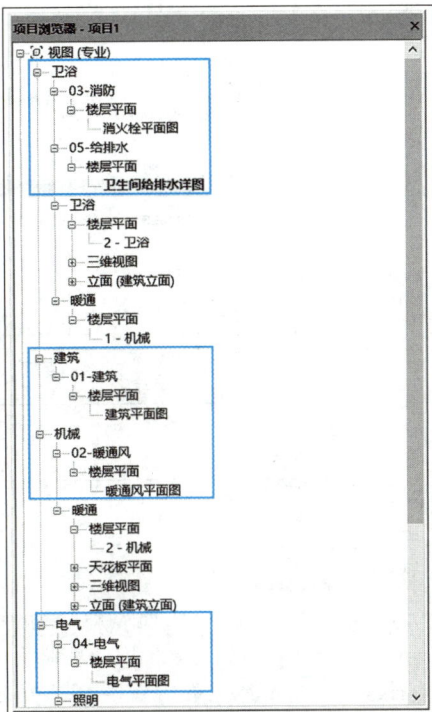

图 1-7　　　　　　　　　　　　　　　图 1-8

（1）单击【视图】选项卡→【窗口】面板→【用户界面】选项按钮→【浏览器组织】，如图 1-9 所示。

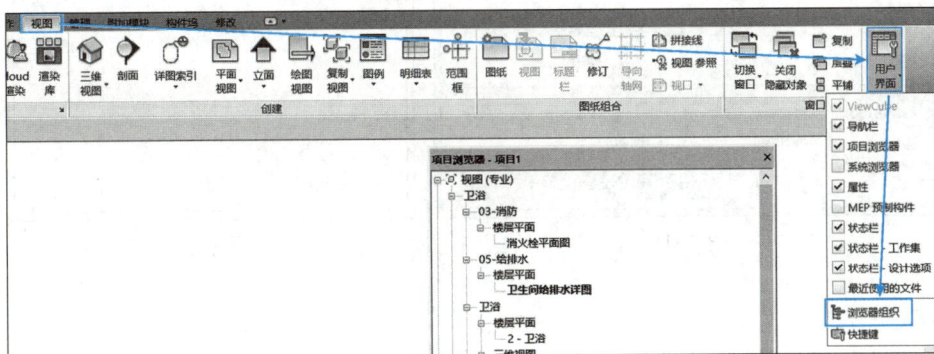

图 1-9

（2）弹出【浏览器组织】对话框→勾选"专业"→点击【编辑】选项按钮，如图 1-10 所示。

（3）【浏览器组织属性】对话框→"成组和排序"标签→成组条件改为"族与类型"→否则按"子规程"→【确定】，如图 1-11 所示。

（4）设置完成后结果，如图 1-12 所示。

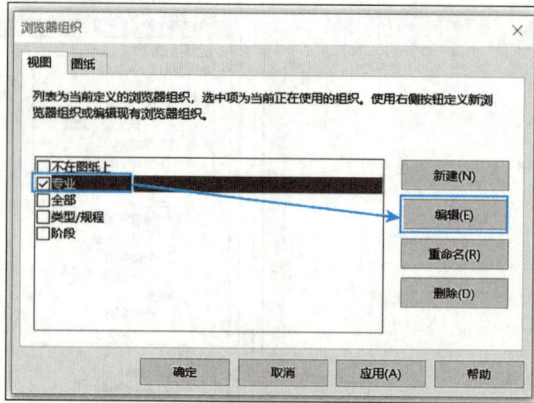

图 1-10

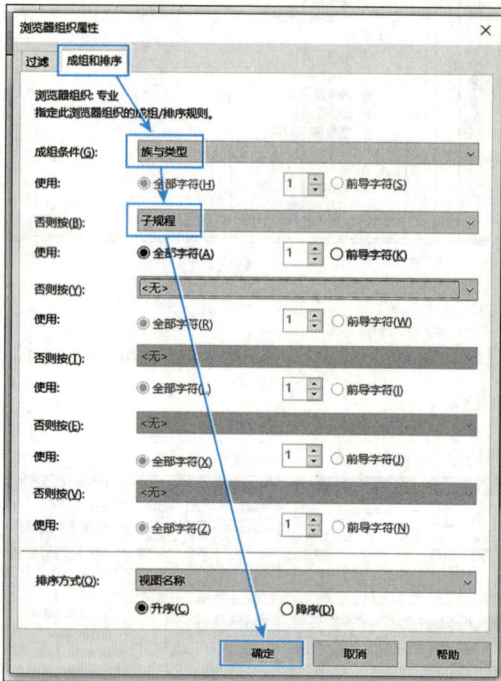

图 1-11

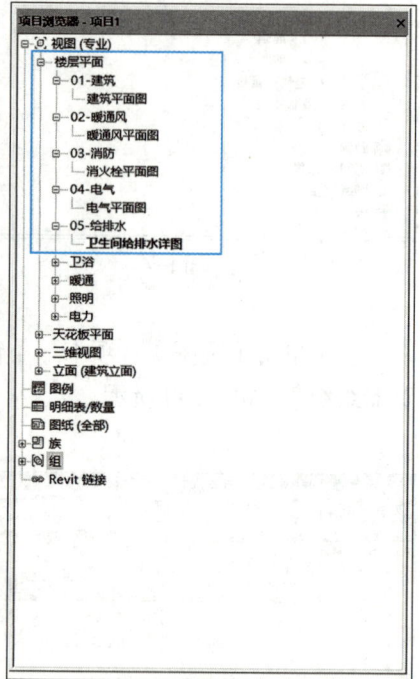

图 1-12

【随堂习题】

1.（单选题）MEP 系统中最常用的样板文件是（　　　）。

A.机械样板文件　　　　　　　　　B.电气样板文件

C.管道样板文件　　　　　　　　　D.系统样板文件

2.（多选题）以下选项中，属于 MEP 系统自带规程的有（　　　）。

A.建筑规程和结构规程　　　　　　B.机械规程和卫浴规程

C.电气规程和协调规程　　　　　　D.管道规程和系统规程

3.（判断题）MEP 系统自带 6 个规程，我们可以对它们进行增减或修改，以获得自己所需要的规程。（　　　）

单元 2　建筑模型创建

真题中要求，根据"建筑平面图"创建建筑模型，已知建筑位于首层，层高 4.0m，其中门底高度为 0m，窗底高度为 1.2m，柱尺寸为 600mm×600mm，墙体尺寸厚度为 240mm（材质不限），卫生间隔墙厚度为 100mm（材质不限）。建筑平面图如图 2-1 所示。

建筑平面图
识读

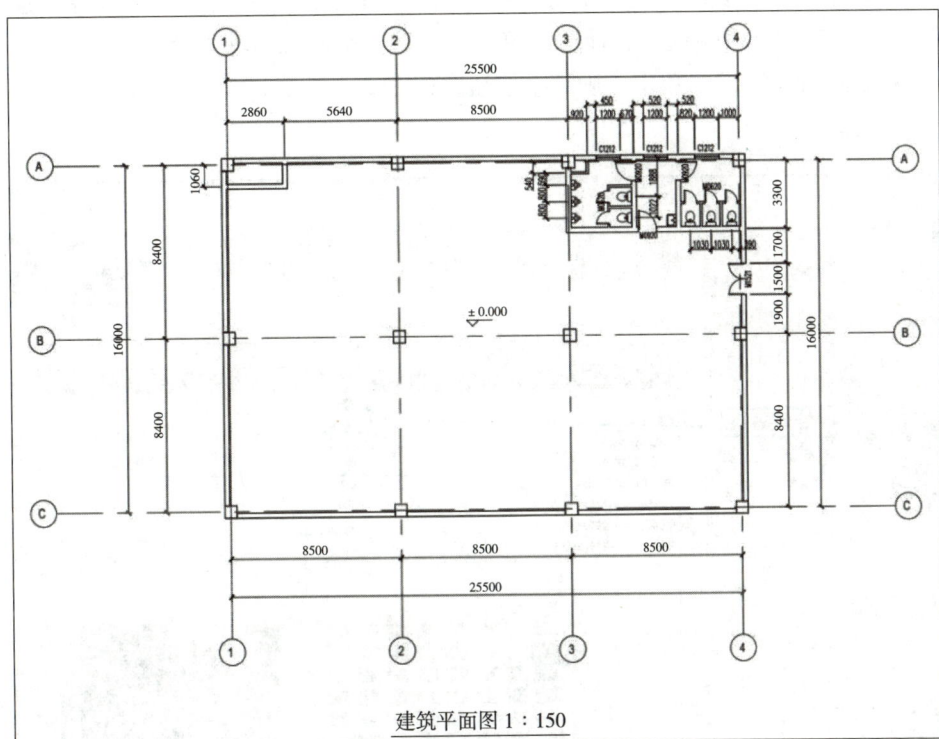

图 2-1

从图 2-1 中可以看出，柱子中心位于轴线交点，墙体外侧与柱子外缘对齐，因此，此题应该先画柱后画墙体。整体绘制顺序可以是"轴网→柱→外墙→内墙→门窗→楼板→尺寸标注"。

任务 2.1　轴网的绘制

轴网绘制的具体操作方法步骤如下：

（1）【项目浏览器】面板→转到"建筑平面图"视图。

（2）单击【建筑】选项卡→【基准】面板→【轴网】按钮（快捷键"GR"），如图 2-2 所示。

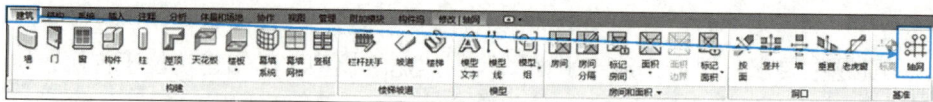

图 2-2

（3）单击【属性】面板→【编辑类型】按钮→弹出【类型属性】对话框→单击"类型参数"列表的"轴线中段"，在参数值下拉列表中选择"连续"→"轴线末段颜色"选择"红色"→勾选"平面视图轴号端点 1"和"平面视图轴号端点 2"→单击【确定】按钮，如图 2-3 所示。

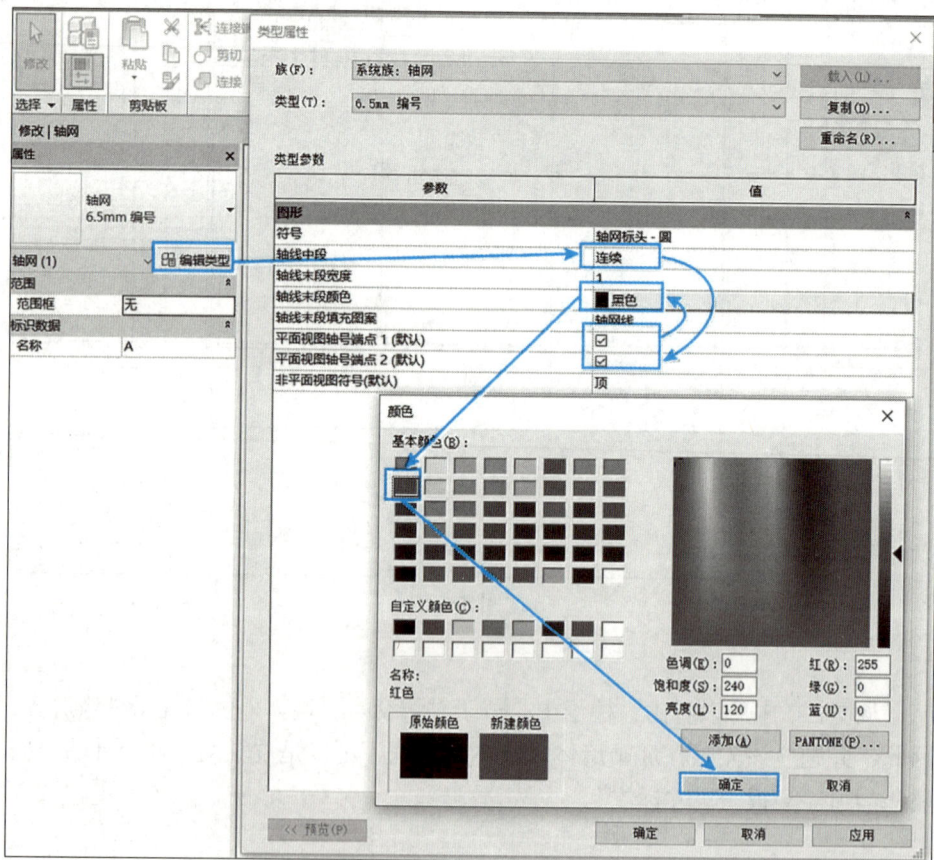

图 2-3

（4）按真题图中尺寸绘制轴网，如图 2-4 所示。

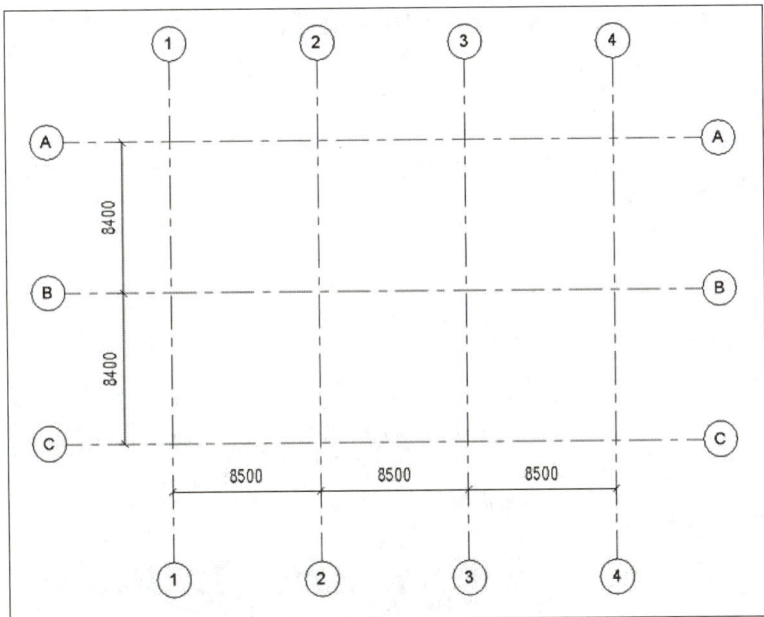

图 2-4

【随堂习题】

1.（单选题）关于轴线的绘制，在"类型属性"对话框里不可以进行的设置的是（　　　）。

A. 可以设置轴线的中段是否连续　　　　B. 可以设置轴线的宽度

C. 可以设置轴线的颜色　　　　　　　　D. 可以设置轴线的长度

2.（多选题）关于轴线的绘制，以下说法正确的是（　　　）。

A. 应该先绘制横向轴线，再绘制纵向轴线

B. 应该先绘制纵向轴线，再绘制横向轴线

C. 竖向轴线应该按从左到右的顺序绘制

D. 横向轴线应该按从上到下的顺序绘制

3.（判断题）在状态栏中勾选"多个"，可以较方便地复制出多条轴线。
（　　　）

任务 2.2　柱和墙的绘制

1. 柱的绘制

柱的绘制方法和步骤如下：

（1）单击【建筑】选项卡→【构建】面板→【柱】按钮→单击下拉三角箭头，选择"柱：建筑"，如图 2-5 所示。

（2）【属性】面板→单击【编辑类型】选项按钮→在弹出的【类型属性】对话框中，单击【复制】按钮→在弹出的【名称】对话框中输入"600×600mm"→【确定】，如图 2-6 所示。

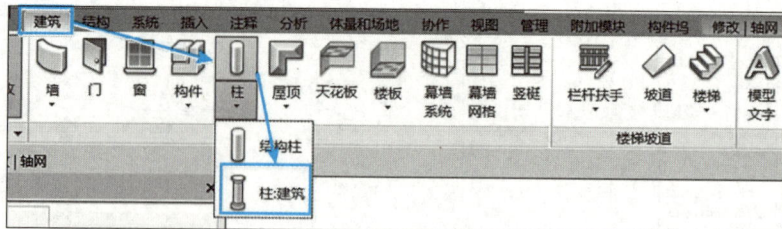

图2-5

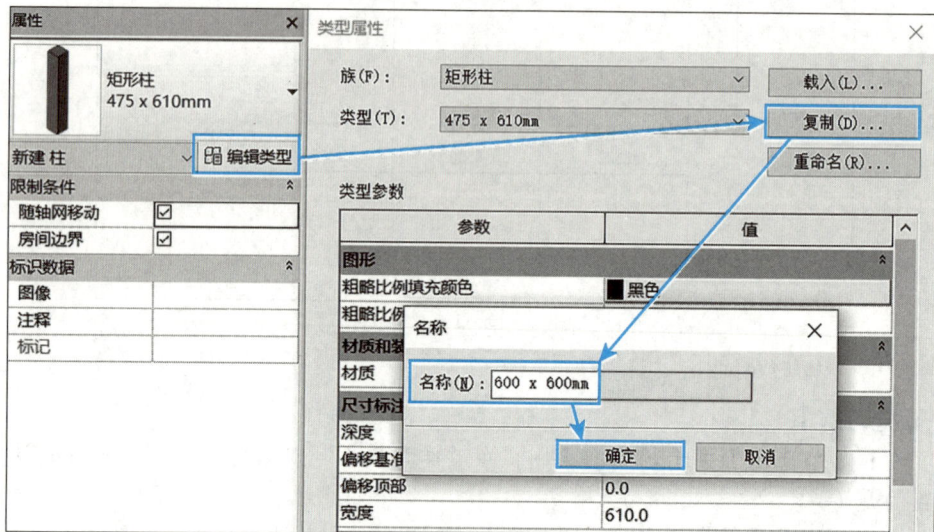

图2-6

（3）将柱的深度和宽度值均改为"600.0"→【确定】，如图2-7所示。

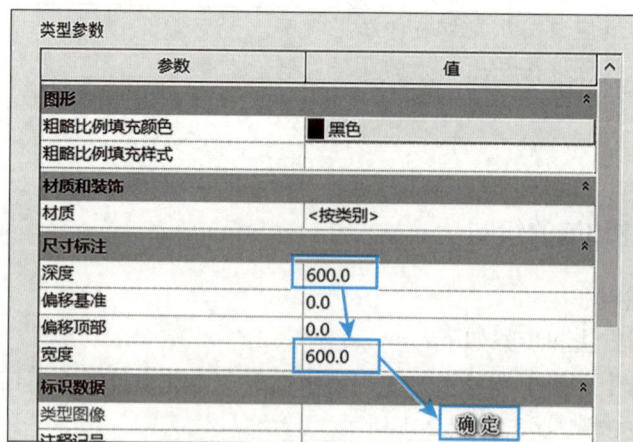

图2-7

（4）在建筑平面图中，每两条轴线交点绘制柱，如图2-8所示。

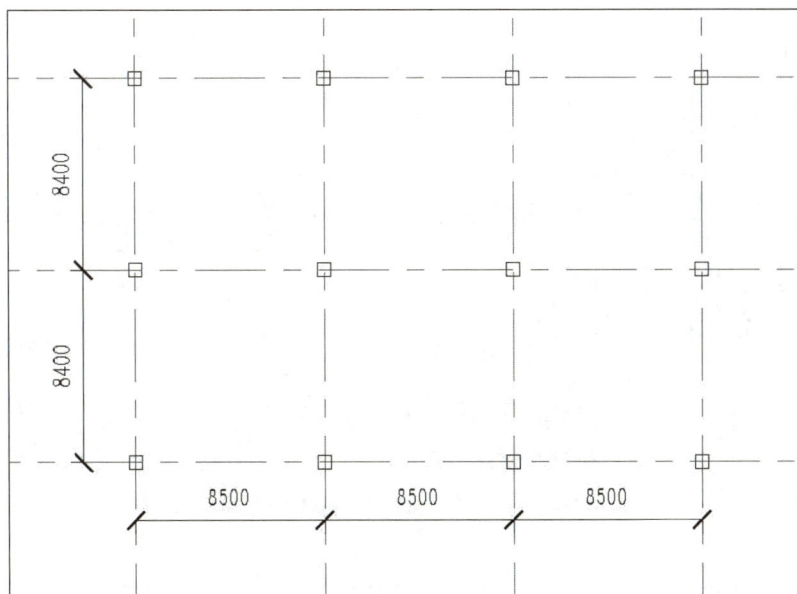

图 2-8

2. 外墙的绘制

外墙绘制的方法和步骤如下：

（1）【建筑】选项卡→【构建】面板→单击【墙】选项按钮→下拉菜单中选择"墙：建筑"，如图 2-9 所示。

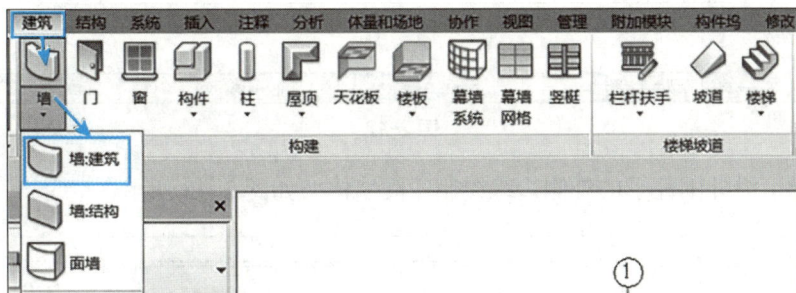

图 2-9

（2）【属性】面板→【编辑类型】按钮→【复制】→在弹出的【名称】对话框中输入新名"常规 –240mm"→【确定】，如图 2-10 所示。

（3）点击【编辑】按钮→弹出【编辑部件】对话框→将结构层厚度修改为"240"→【确定】，如图 2-11 所示。

（4）【选项栏】中，高度设为 4000mm，定位线设为"面层面：外部"，如图 2-12 所示。

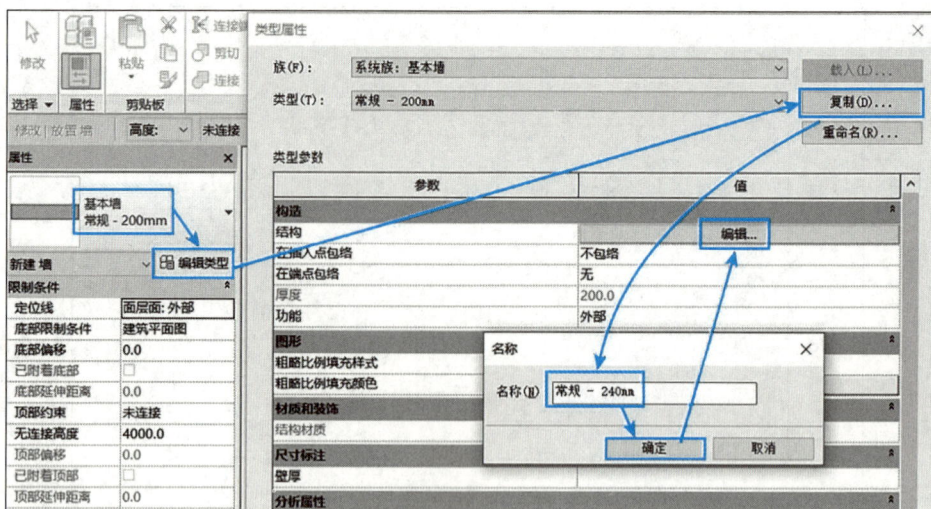

图 2-10

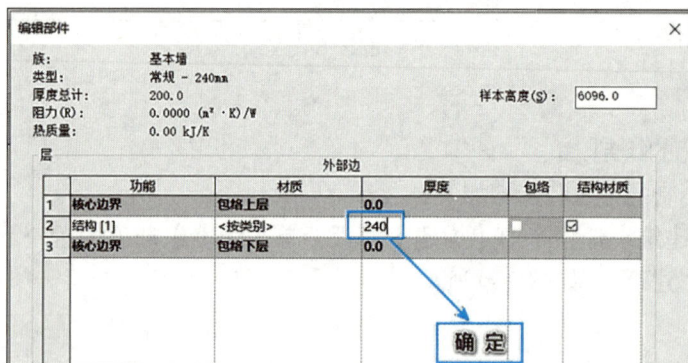

图 2-11

图 2-12

（5）沿外围柱子的外侧边缘绘制一圈墙体，如图 2-13 所示。

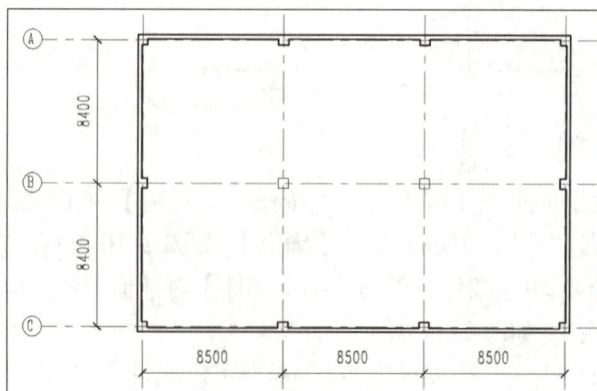

图 2-13

3. 内墙的绘制

内墙厚度是 240mm，高度 4m。内墙的绘制方法和步骤如下：

（1）【建筑】选项卡→【构建】面板→单击【墙】选项按钮→下拉菜单中选择"墙：建筑"→【选项栏】中，高度设为"4000.0"，定位线设为"核心层中心线"，如图 2-14 所示。

| 修改｜放置墙 | 高度: | ∨ | 未连接 | ∨ | 4000.0 | | 定位线: | 核心层中心线 | ∨ | ☑链 | 偏移量: | 0.0 | | □半径: | 1000.0 |

图 2-14

（2）参照外墙绘制方法，按大概位置绘出并进行标注，如图 2-15 所示。

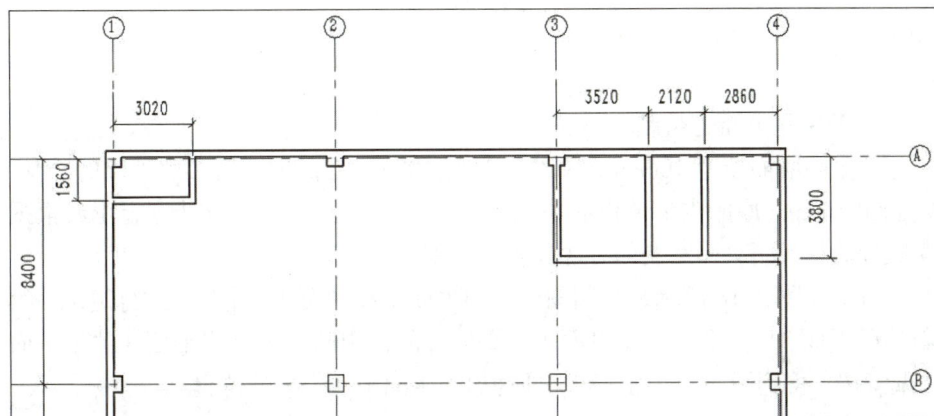

图 2-15

（3）选中需要定位的墙，例如轴线③右侧距离轴线③最近的一段内墙→单击激活尺寸文本，先输入等号，然后输入加法算式"=920+450+1200+670"→空白处单击鼠标左键，完成该墙的定位，如图 2-16 所示。

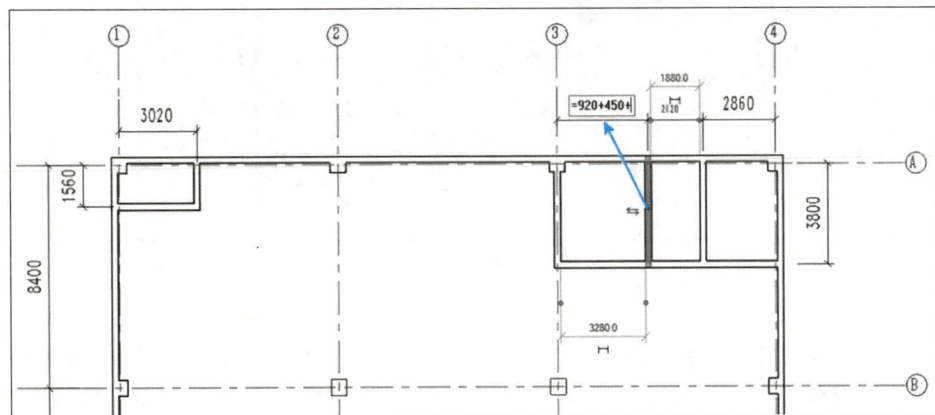

图 2-16

（4）用同样的方法，完成其他内墙的定位，如图 2-17 所示。

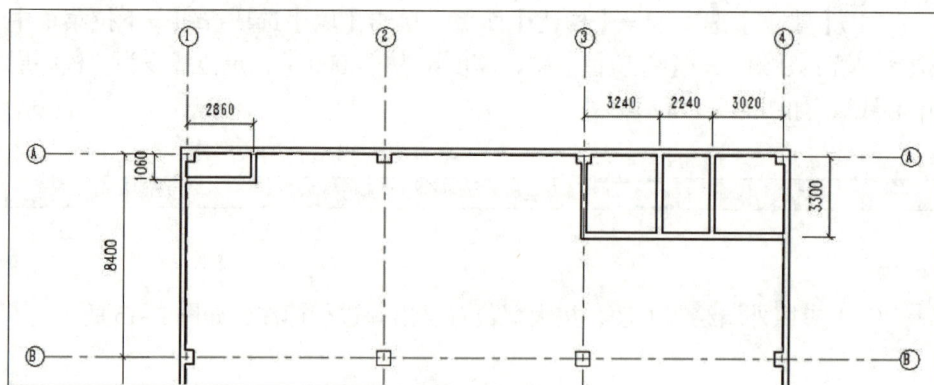

图 2-17

4. 卫生间隔断的绘制

卫生间隔断墙厚 100mm，系统里没有 100mm 厚的墙，可参照外墙的绘制，复制出 100mm 厚的内墙。没有明确标注尺寸，需要自行进行计算定位或根据实践经验估计。具体绘制的方法和步骤如下：

（1）如图 2-18 所示，绘制图中参照平面 1 和平面 2，并对其进行定位→绘制参照平面 3，使平面 3 在平面 1 和平面 2 的正中间→将参照平面 3 关于平面 1 做镜像，得到平面 4，则 3 和 4 即为男卫生间坐便隔断的位置。

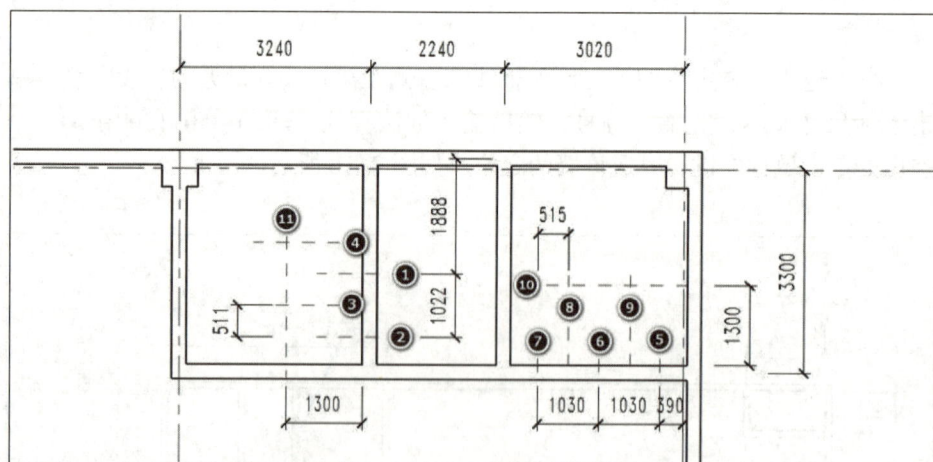

图 2-18

（2）女卫生间，绘制参照平面 5、6、7，并对它们进行定位→绘制参照平面 8 并定位在平面 6 和平面 7 正中间位置→将参照平面 8 关于平面 6 做镜像，得到平面 9，则 8 和 9 即为女卫生间坐便隔断的位置。

（3）横向隔断的位置在图中没有可参考的依据，根据实践经验，取距离墙面 1300mm 的参照平面 10 和 11 作为定位位置。

（4）沿参照平面 4、8、9、10、11 绘制宽度为 100mm 的隔断，并完成管道井隔断墙的绘制，如图 2-19 所示。

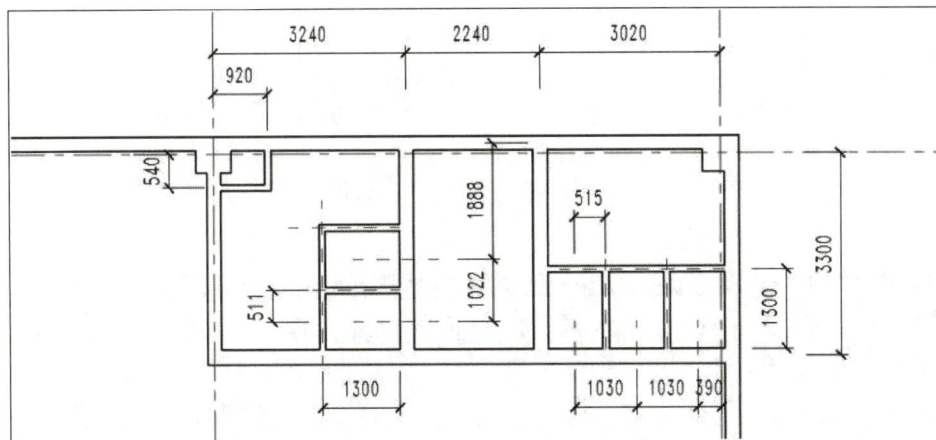

图 2-19

【随堂习题】

1.（单选题）关于墙的定位线，以下说法不正确的是（　　）。

A. 可以是墙中心线　　　　　　　B. 可以是核心层中心线

C. 可以是面层面　　　　　　　　D. 可以是内层面

2.（多选题）关于柱的绘制，以下说法正确的是（　　）。

A. 在 Revit 里，柱的形式有"建筑柱"和"结构柱"两种

B. 常用的柱有圆形柱和矩形柱两种

C. 必须先画墙，再画柱

D. 必须先画柱，再画墙

3.（判断题）卫生间隔断和普通的墙是两类完全不同的构件。（　　）

任务 2.3　门和窗的绘制

先来绘制门，从图 2-1 中可以看出，共有 3 种型号的门：M1521 双开门 1 个，M0920 单开门 3 个，M0620 单开门 5 个。

1. 双开门的绘制

图中双开门只有 1 个，型号 M1521，具体绘制方法和步骤如下：

（1）绘制参照平面（快捷键"RP"），如图 2-20 所示。

（2）【建筑】选项卡→【构建】面板→单击【门】按钮（快捷键"DR"），如图 2-21 所示。

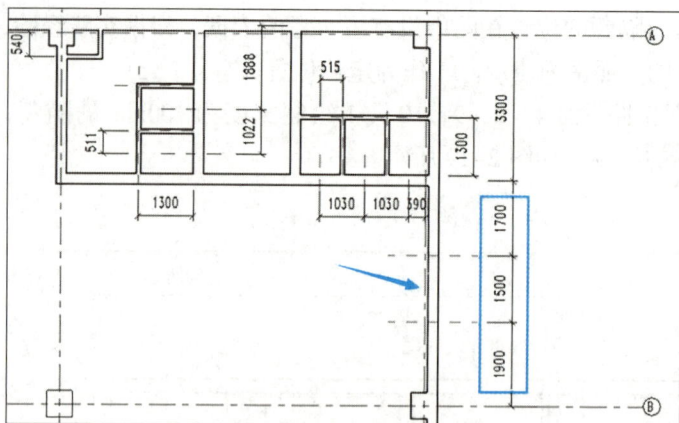

图 2-20

图 2-21

（3）【属性】面板→【编辑类型】→【载入】→在文件路径"建筑 - 门 - 普通门 - 平开门 - 双扇"→选择"双面嵌板木门 6.rfa"→单击【打开】按钮，则重新返回"类型属性"对话框，如图 2-22 所示。

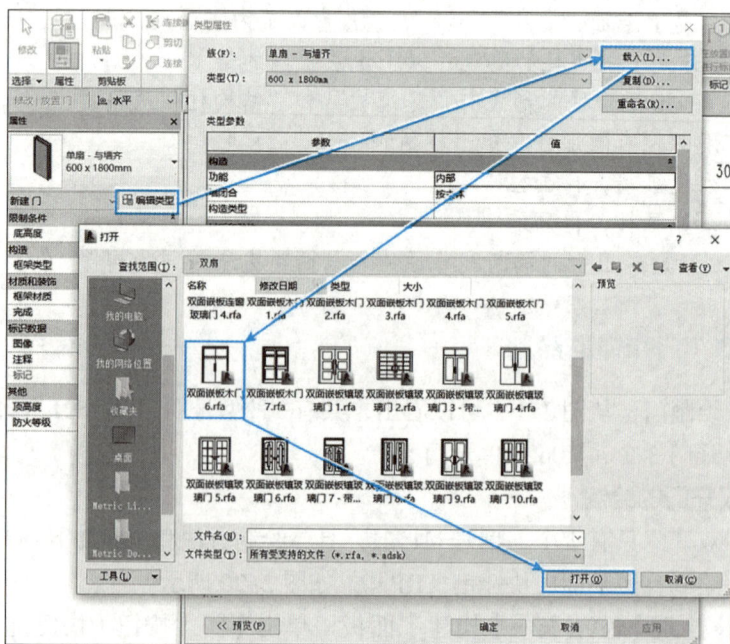

图 2-22

（4）在【类型属性】对话框→单击"复制"，弹出的"名称"对话框→更改门的名称，输入"M1521"→单击【确定】→更改门的尺寸，输入高度"2100.0"，输入宽度"1500.0"，如图 2-23 所示。

（5）更改门的"类型标记"，输入"M1521"→单击【确定】，如图 2-24 所示。

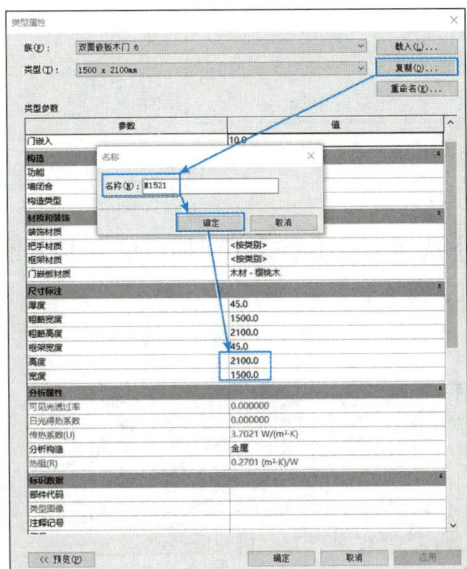
图 2-23

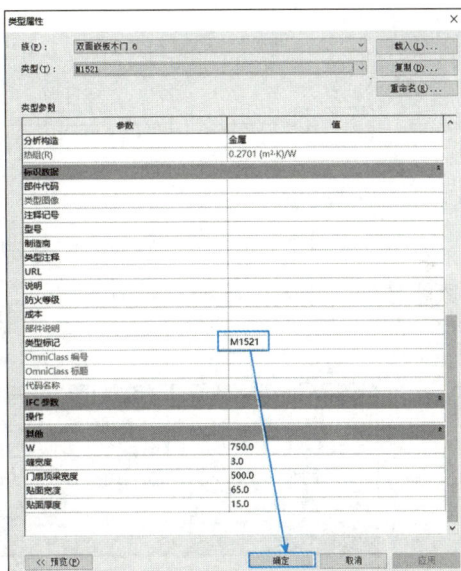
图 2-24

（6）【建筑】选项卡→【构建】面板→单击【门】按钮，激活【修改|放置门】选项卡→【标记】面板→单击【在放置时进行标记】选项按钮，如图 2-25 所示。

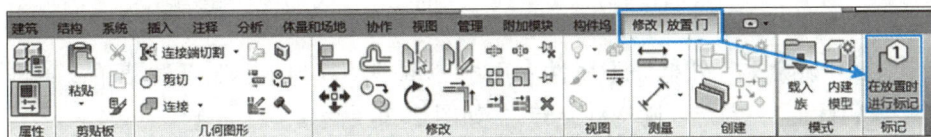
图 2-25

（7）在正确位置放置门，如图 2-26 所示。

2.门族参数的设置

上一步，我们已经绘制完成双开门，但是，我们发现门标记的形式、大小和位置都不是所期望的形式，因此需要对其进行设置。门本身是一个族文件，门标记是嵌套在门族内的另一个内嵌族。我们需要对门标记的族文件进行修改和设置，具体操作方法和步骤如下：

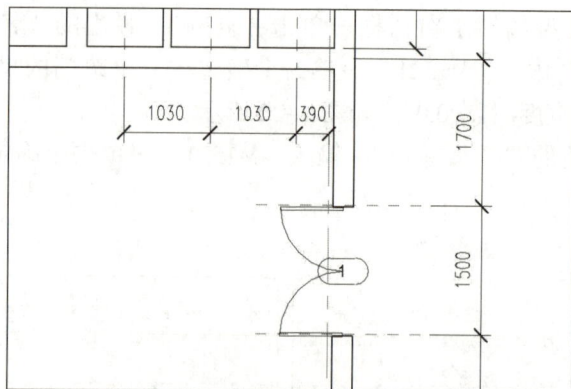

图 2-26

（1）单击门标记→【修改 | 门标记】选项卡→【模式】面板→单击【编辑族】按钮，进入门族编辑界面，如图 2-27 所示。

门族参数的
设置

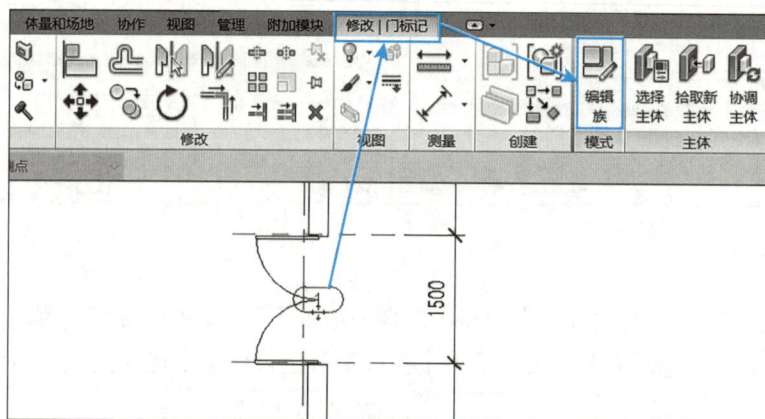

图 2-27

（2）删除文字外框→【属性】面板→单击"其他（1）"下拉菜单，单击"族：门标记"，勾选"随构件旋转"，如图 2-28 所示。

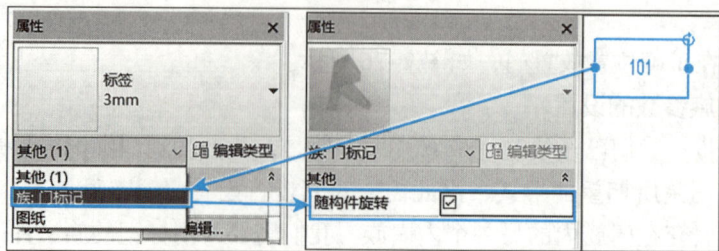

图 2-28

（3）单击选中门标记文字→到【属性】面板里，单击【编辑类型】按钮，弹出【类型属性】对话框→把"文字大小"改成"2.0000mm"，把"宽度系数"改成"0.700000"，如图 2-29 所示。

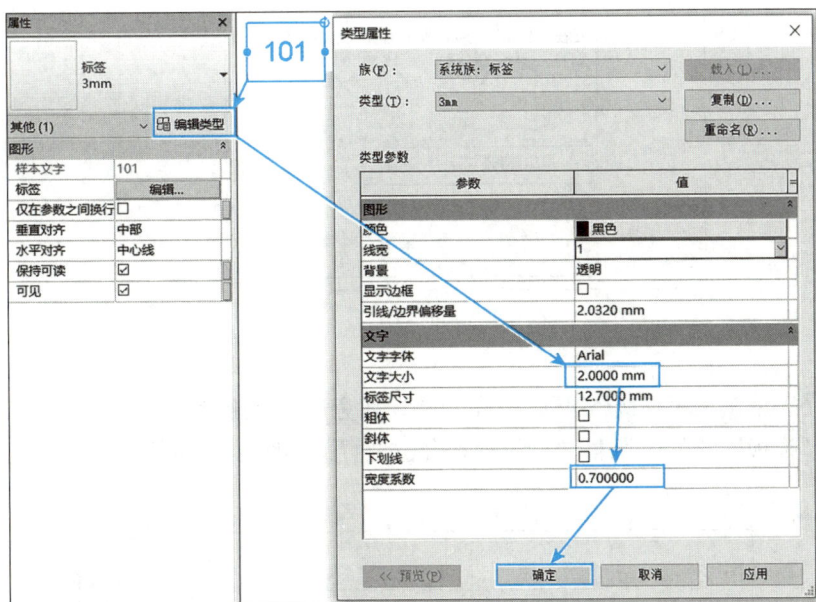

图 2-29

（4）单击门标记文字"101"→到【属性】面板里，单击【编辑】按钮，弹出【编辑标签】对话框→将"标记删除"，增加"类型标记"→【确定】，如图 2-30 所示。

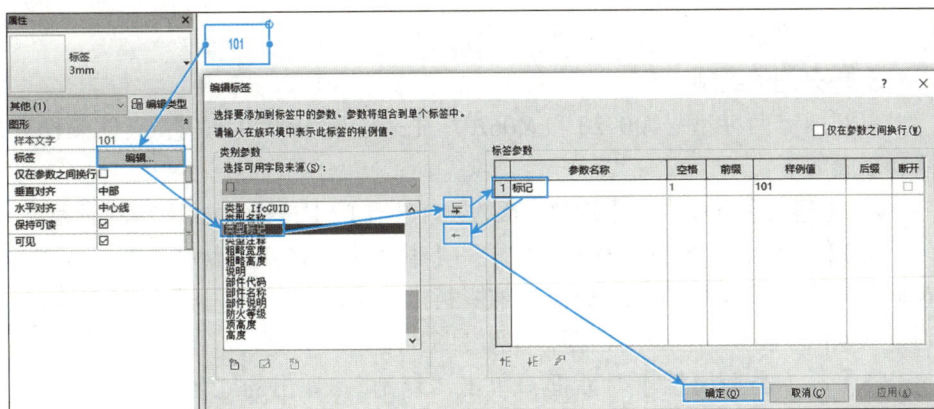

图 2-30

（5）单击【修改】选项卡→【族编辑器】面板→【载入到项目】选项按钮→弹出的对话框中选择"覆盖现有版本及其参数值"，如图 2-31 所示。

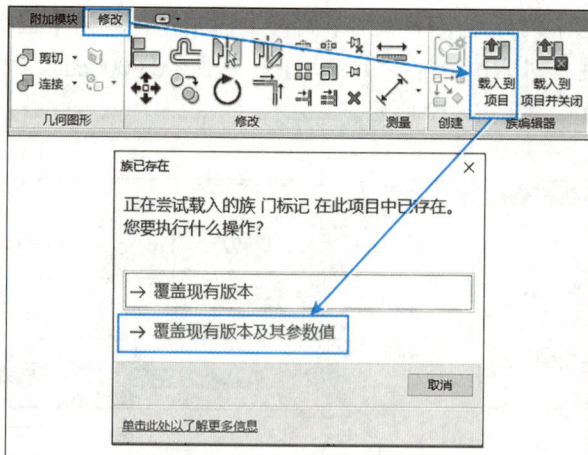

图 2-31

（6）单击文字"M1521"，高亮变蓝，在旁边出现拖拽符号→点击鼠标左键按住"拖拽"符号，调整文字位置到合适位置，如图 2-32 所示。

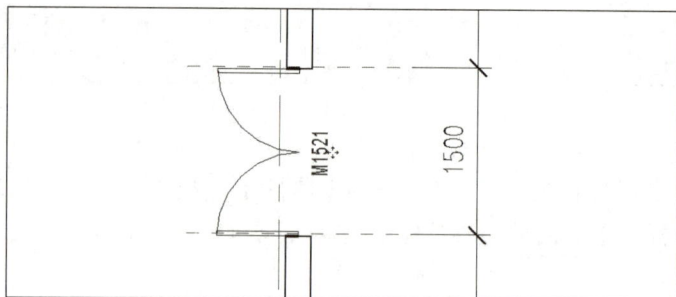

图 2-32

3. 单开门的绘制

单开门有两种型号 M0920 和 M0620。先来绘制 M0920 的门，具体操作方法和步骤如下：

（1）【建筑】选项卡→【构建】面板→单击【门】按钮，如图 2-21 所示。

（2）【属性】面板→【编辑类型】→【载入】→在文件路径"建筑 - 门 - 普通门 - 平开门 - 单扇"→选择"单嵌板木门 13.rfa"→单击【打开】按钮，则重新返回"类型属性"对话框，如图 2-33 所示。

（3）在【类型属性】对话框→单击"复制"，弹出的"名称"对话框→更改门的名称，输入"M0920"→单击【确定】→更改门的尺寸，输入高度 2000mm，输入宽度 900mm，如图 2-34 所示。

（4）更改门的"类型标记"，输入"M0920"→单击【确定】，如图 2-35 所示。

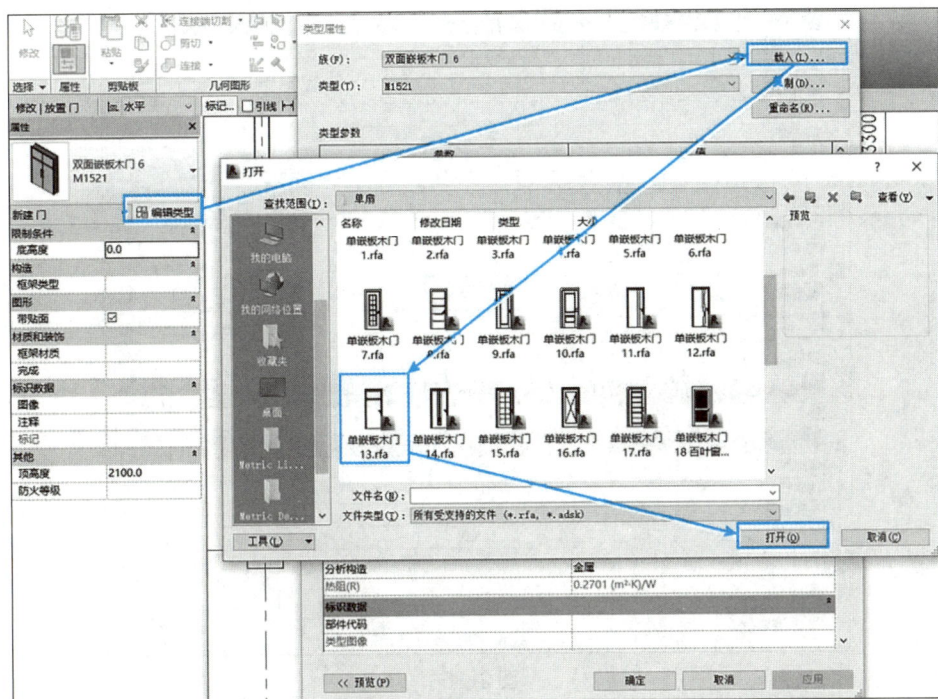

图 2-33

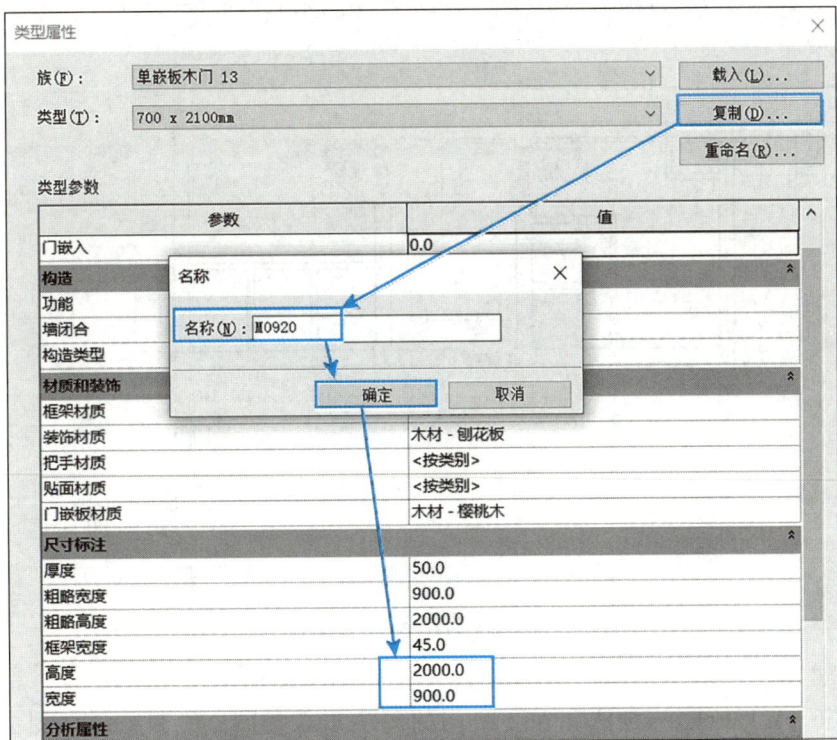

图 2-34

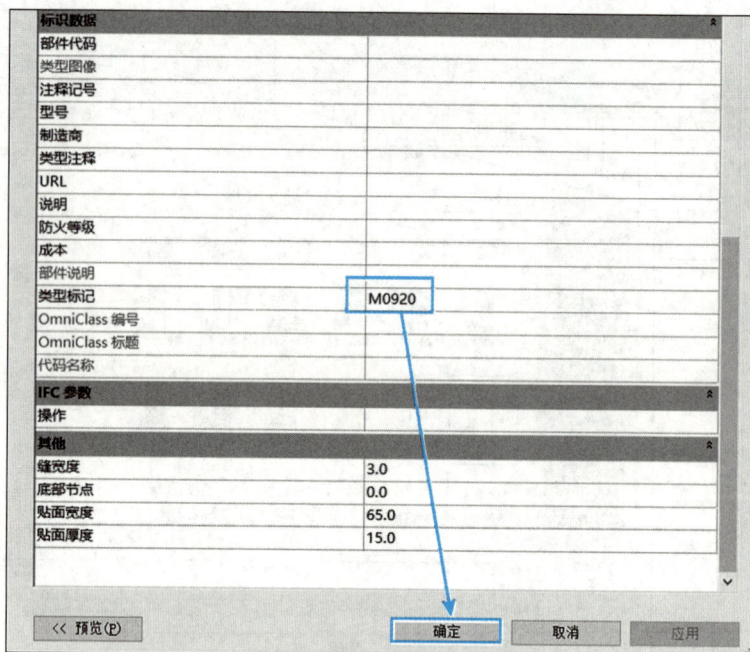

图 2-35

（5）在正确位置放置门，如图 2-36 所示。若门的方向不正确，可在放置前通过单击空格进行调整，也可在放置后单击门附近的箭头进行调整。

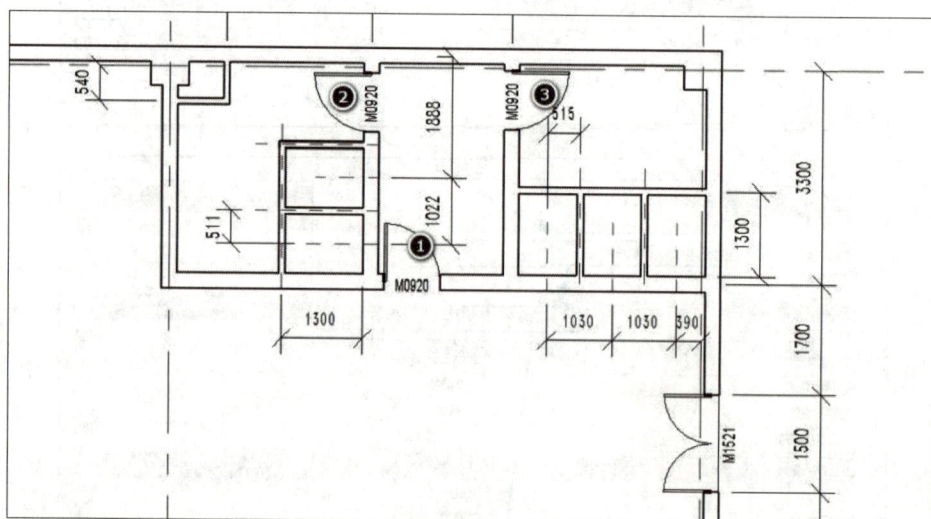

图 2-36

（6）M0620 门的画法和 M0920 门的画法步骤相同，绘制结果如图 2-37 所示。

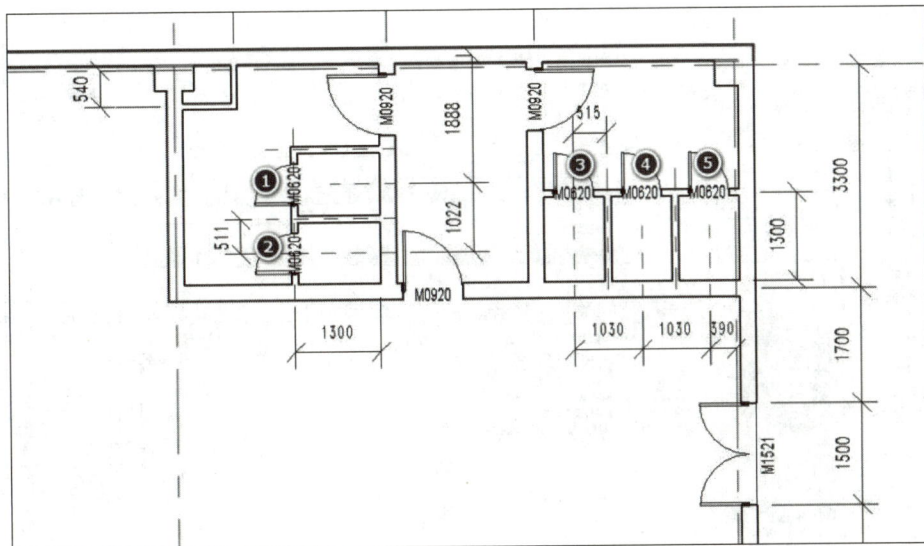

图 2-37

4. 窗的绘制

真题图中只有一种窗，型号为 C1212，共 3 扇。具体绘制方法和步骤如下：

（1）【建筑】选项卡→【构建】面板→单击【窗】按钮，如图 2-38 所示。

图 2-38

（2）【属性】面板→【编辑类型】→【载入】→在文件路径"建筑 – 窗 – 普通窗 – 平开窗"→选择"双扇平开 – 带贴面 .rfa"→单击【打开】按钮，则重新返回"类型属性"对话框，如图 2-39 所示。

（3）在【类型属性】对话框→单击"复制"，弹出的"名称"对话框→更改窗的名称，输入"C1212"→单击【确定】→更改窗的尺寸，输入高度1200mm，输入宽度 1200mm，如图 2-40 所示。

（4）更改窗的"类型标记"，输入"C1212"→修改默认窗台高度值为"1200"→单击【确定】，如图 2-41 所示。

（5）在正确位置放置窗，并调整窗标记位置，如图 2-42 所示。

（6）删除上方尺寸标注，重新对墙和窗进行统一标注，并对照真题原图调整窗的位置，如图 2-43 所示。

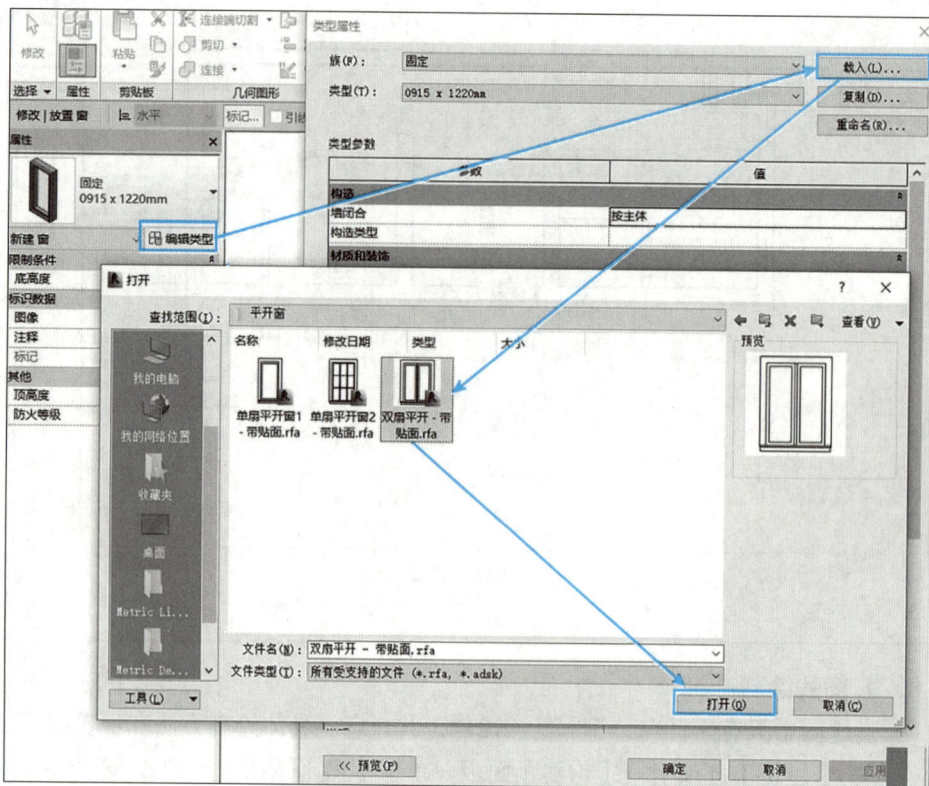

图 2-39

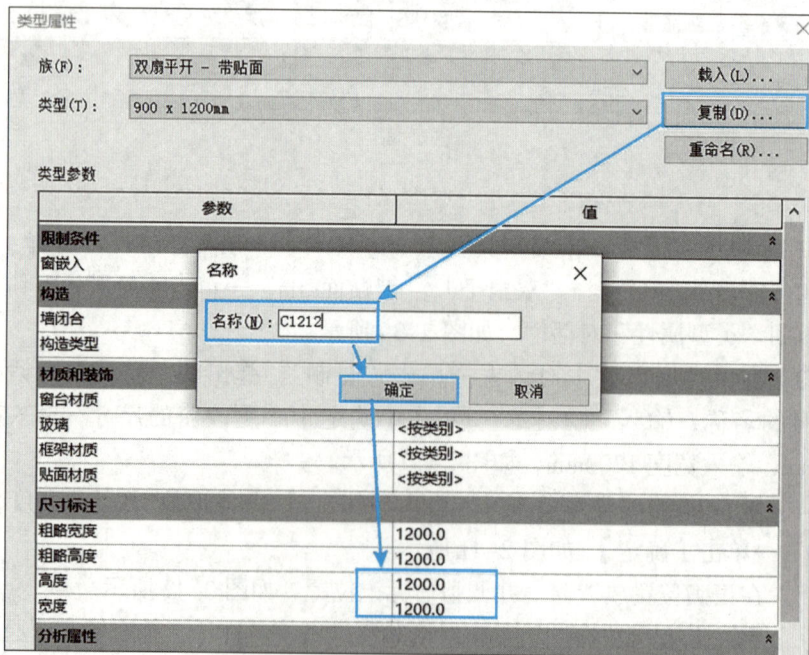

图 2-40

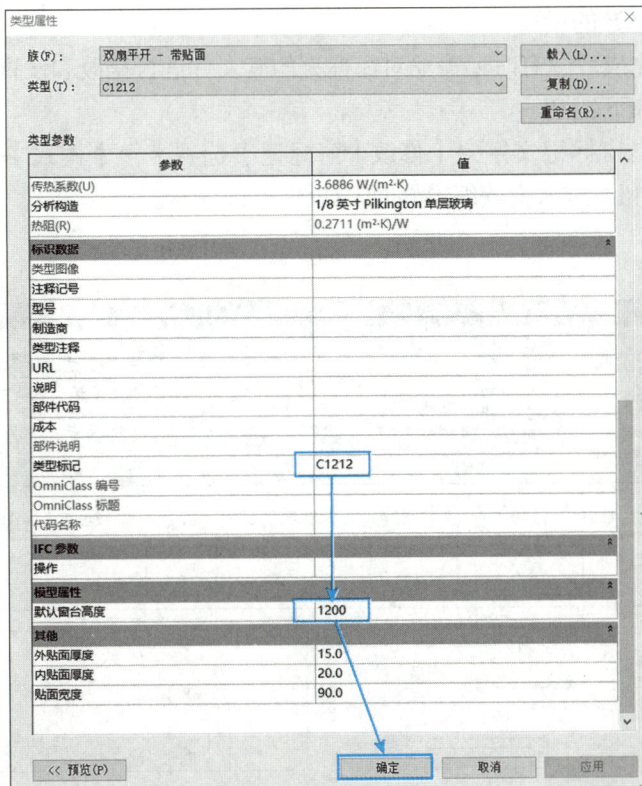

图 2-41

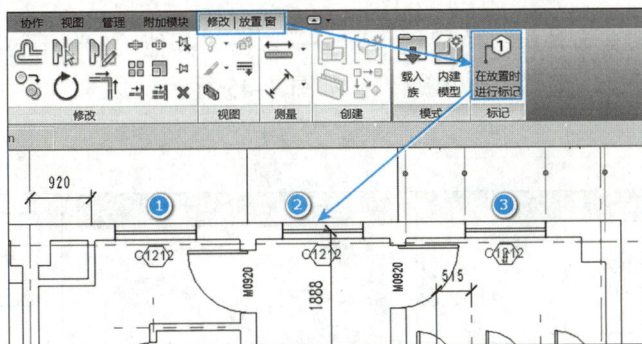

图 2-42

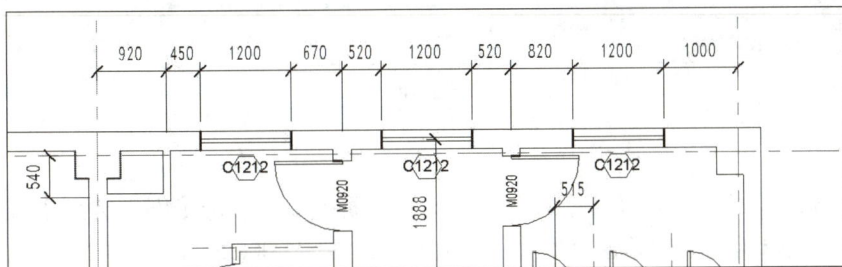

图 2-43

5. 窗族参数的设置

窗绘制完成后，有时还需要对窗标记的族文件进行修改和设置，具体操作方法和步骤如下：

（1）单击窗标记文字→【修改 | 窗标记】选项卡→【模式】面板→单击【编辑族】按钮，进入窗族编辑界面，如图 2-44 所示。

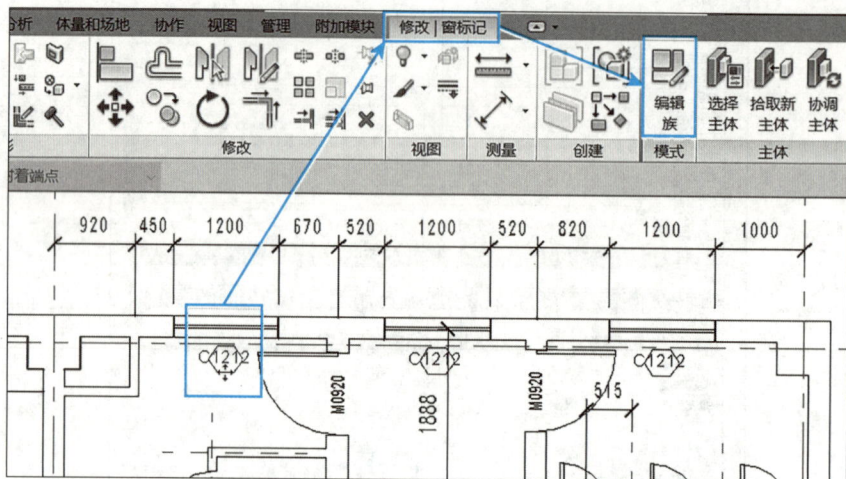

图 2-44

（2）删除文字外框→【属性】面板→单击"其他（1）"下拉菜单，单击"族：窗标记"，勾选"随构件旋转"，如图 2-45 所示。

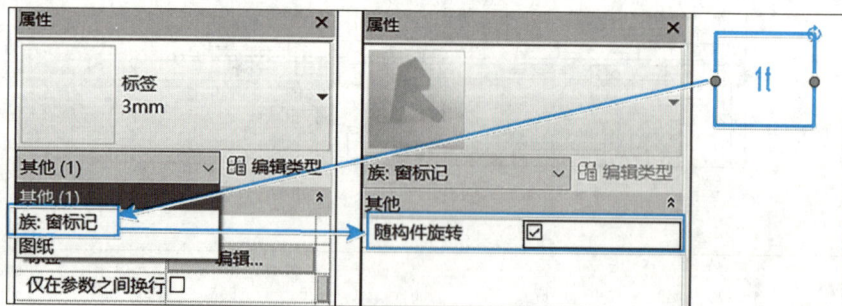

图 2-45

（3）单击选中窗标记文字→到【属性】面板里，单击【编辑类型】按钮，弹出【编辑类型】对话框→把"文字大小"改成"2.0000mm"，把"宽度系数"改成"0.700000"，如图 2-46 所示。

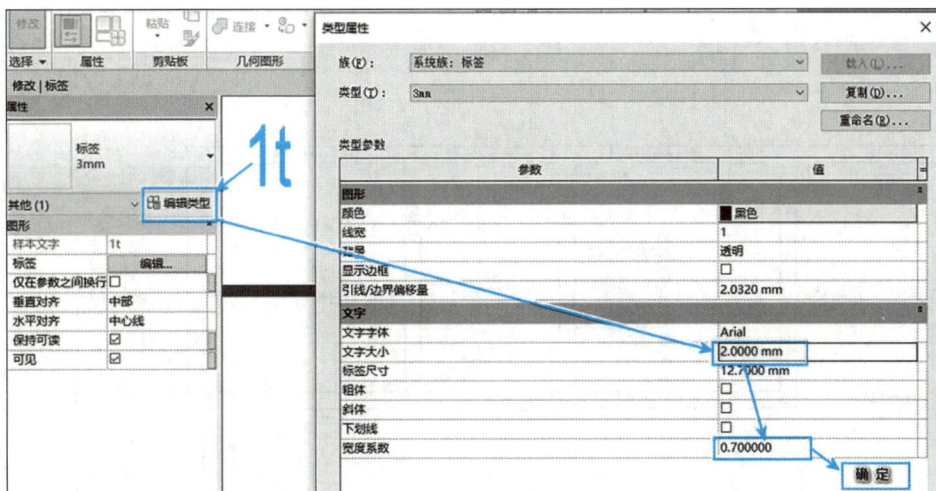

图 2-46

（4）单击窗标记文字→到【属性】面板里，单击【编辑】按钮，弹出【编辑标签】对话框→把标签参数改为"类型标记"→【确定】，如图 2-47 所示。

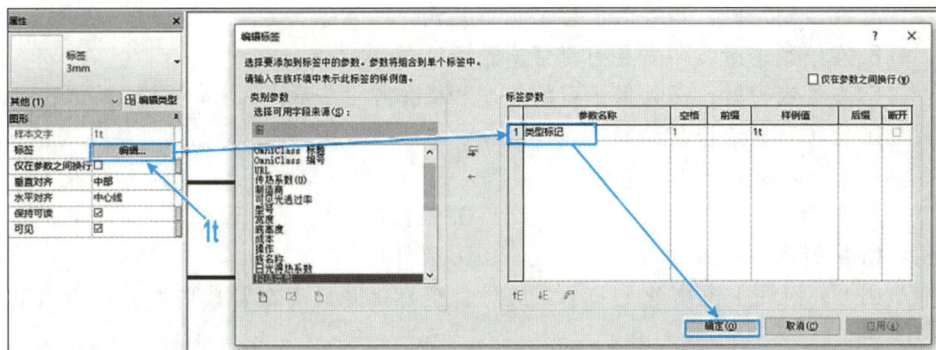

图 2-47

（5）单击【族编辑器】面板→【载入到项目】选项按钮→弹出的对话框中选择"覆盖现有版本及其参数值"，如图 2-48 所示。

（6）单击窗标记文字，高亮变蓝，在旁边出现拖拽符号→鼠标左键按住"拖拽"符号，调整文字位置到合适位置，如图 2-49 所示。

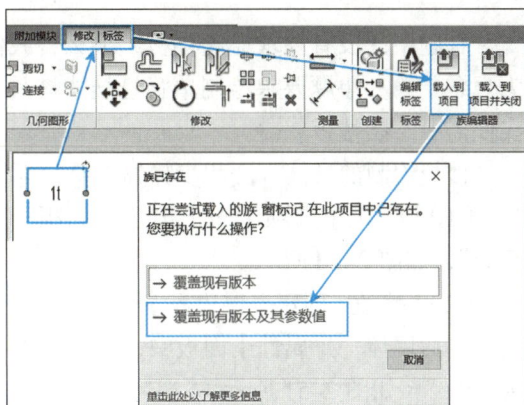

图 2-48

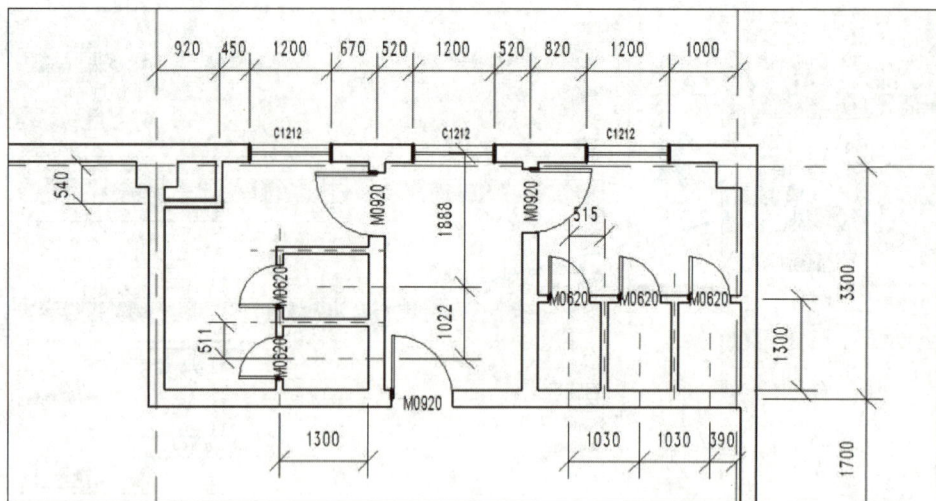

图 2-49

【随堂习题】

1.（单选题）关于窗的绘制，以下说法正确的是（　　　）。

A.在绘制墙时，需要为窗留出预留孔洞

B.在绘制墙时，不需要为窗留出预留孔洞

C.在绘制窗时，必须保证窗的厚度和墙体厚度一致

D.窗不可以跨楼层绘制

2.（多选题）普通门包括（　　　）。

A.平开门　　　　　　　　　B.推拉门

C.旋转门　　　　　　　　　D.双开门

3.（判断题）窗本身是一个族文件，窗标记是嵌套在窗族内的另一个内嵌族文件。（　　　）

任务 2.4　楼板的绘制

真题中并没有要求绘制楼板，那么，我们为什么还要绘制楼板呢？这是因为真题中第 5 小题要求绘制单管悬挂式灯具，该灯具需要悬挂在楼板上，所以我们需要绘制楼板。

楼板绘制的具体方法和步骤如下：

（1）【建筑】选项卡→【构建】面板→【楼板】下拉菜单→选择"楼板：建筑"，如图 2-50 所示。

（2）【修改 | 创建楼层边界】→【绘制】面板→【拾取墙】选项按钮→依次拾取四面墙体→【属性】面板中，标高设为"标高 1"，自标高的高度偏移量设为"0.0"，如图 2-51 所示。

（3）【剪贴板】面板中，单击【复制】选项按钮→【属性】面板中，标

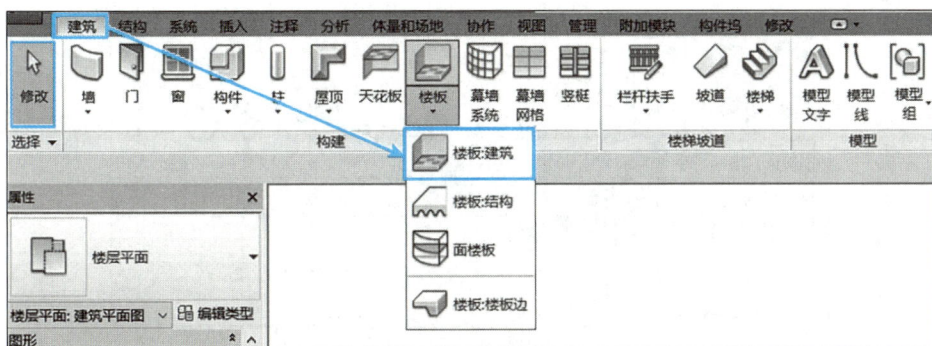

图 2-50

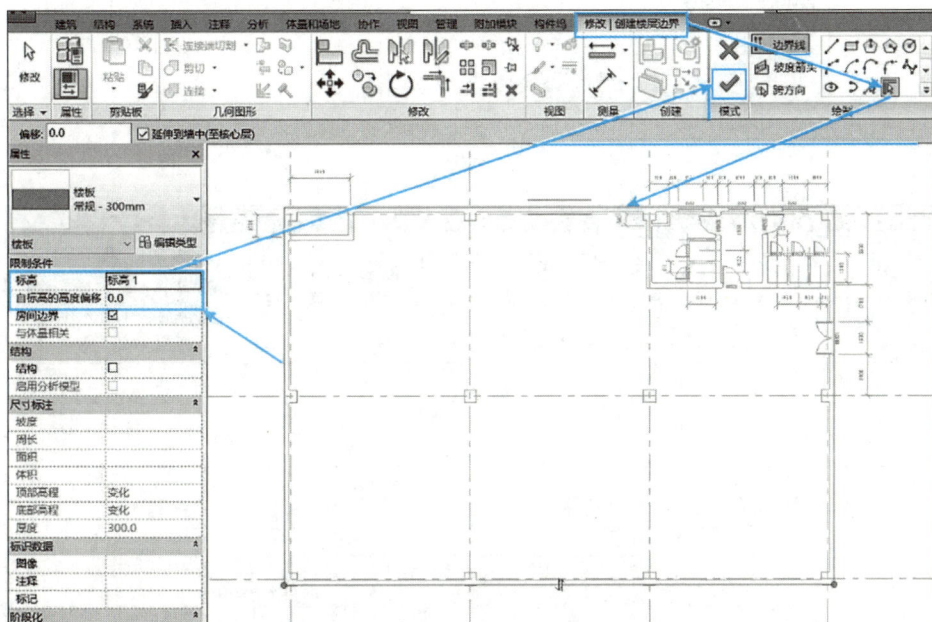

图 2-51

高改为"标高 2"→【剪贴板】面板中，单击【粘贴】选项按钮，如图 2-52
所示。

任务 2.5　尺寸标准

尺寸标注的方法和步骤如下：

（1）【注释】选项卡→【尺寸标注】面板→【对齐】选项按钮（快捷键
"DI"），如图 2-53 所示。

（2）补全尺寸标注，如图 2-54 所示。

至此，建筑模型部分已全部完成。

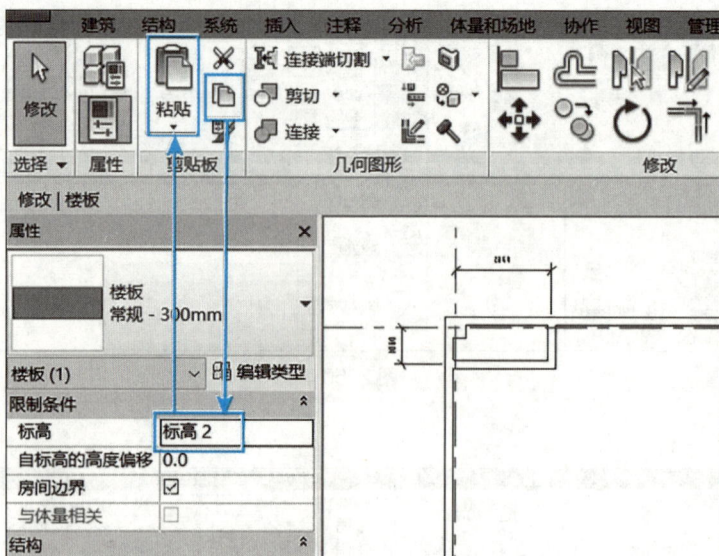

图 2-52

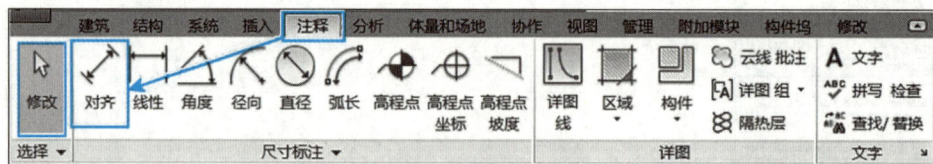

图 2-53

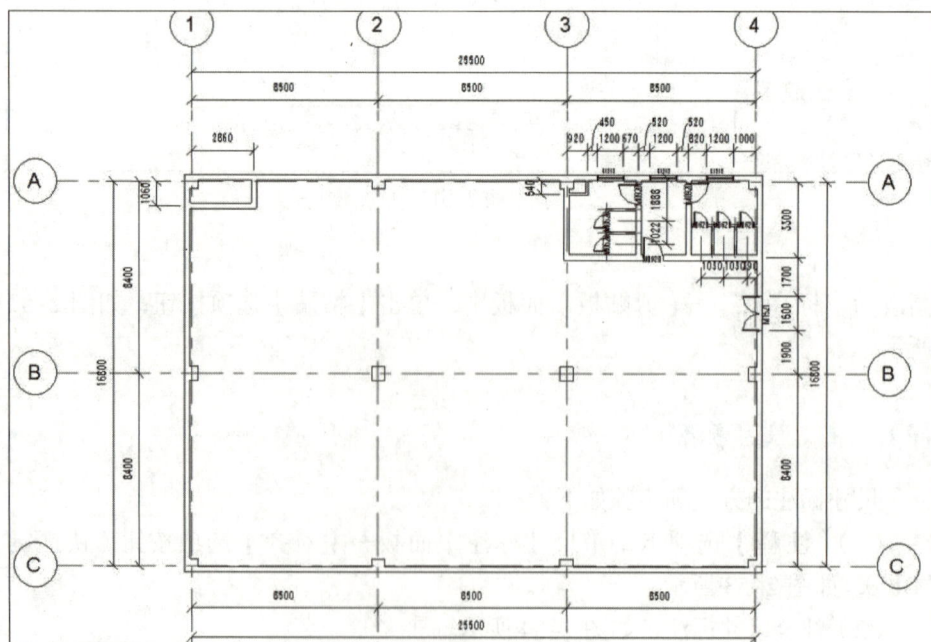

图 2-54

【随堂习题】

1.（单选题）关于 Revit 中的尺寸标注，以下说法正确的是（　　　）。

A. 可以不标注

B. 可以自己设定标注样式

C. 不可以自己设定标注样式

D. 一旦设定尺寸标注样式，标注后不可修改

2.（多选题）在 Revit 中，楼板的种类包括（　　　）。

A. 楼板：建筑　　　　　　　　B. 楼板：结构

C. 面楼板　　　　　　　　　　D. 边楼板

3.（判断题）尺寸标注还有校对所绘制对象的位置是否正确的作用。

（　　　）

【模块1思考题】

1. 何为 MEP?

2. 机电专业的子专业大致都有哪些?

3. 建筑模型的创建与 MEP 模型的创建之间有何关系?

MEP 模型创建

【思维导图】

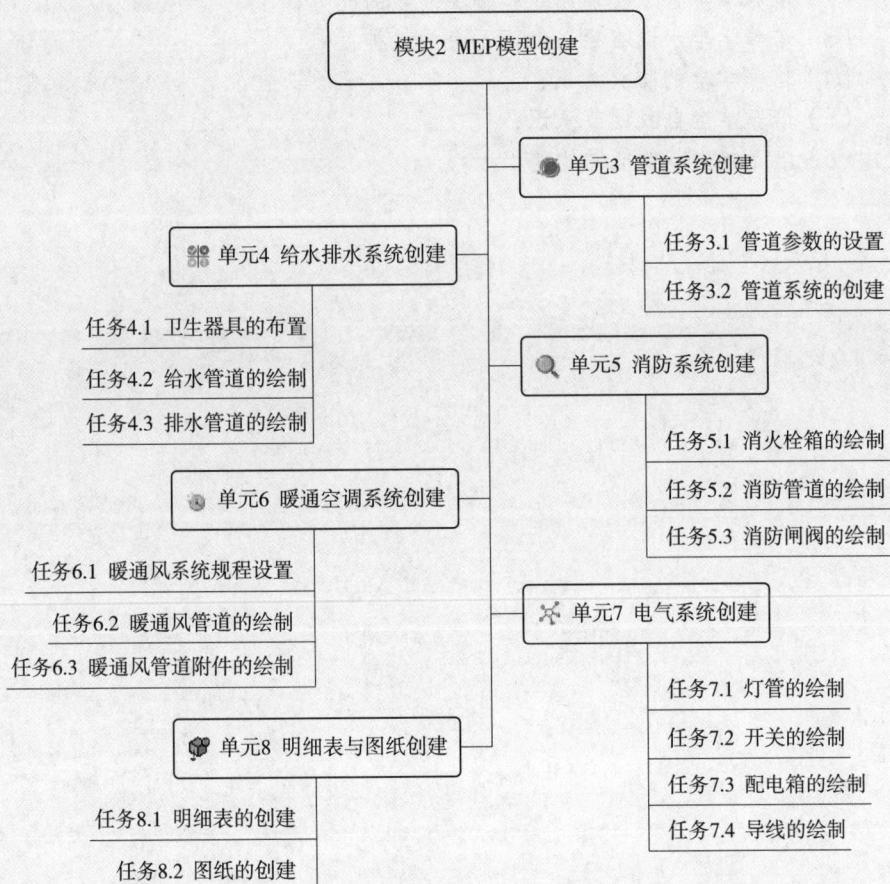

"1+X"证书
制度

【知识目标】

（1）掌握管道参数设置及管道系统创建的方法及技巧；

（2）掌握给水和排水管道图的识读方法和技巧；

（3）掌握消防系统图的识读方法和技巧；

（4）掌握暖通风系统图的识读方法和技巧；

（5）掌握电气系统图的识读方法和技巧。

【能力目标】

（1）具备管道参数设置与管道系统创建的能力；

（2）具备卫生器具布置、给水管道绘制及卫生器具连接的能力；

（3）具备排水立管和排水出户管及女厕和男厕排水系统绘制的能力；

（4）具备消火栓箱、消防管道及消防闸阀绘制的能力；

（5）具备暖通风管道及附件绘制的能力；

（6）具备灯管、开关、配电箱及配电导线绘制的能力。

【素质目标】

（1）培养学生团队意识；

（2）培养学生善于发现问题和解决问题的能力；

（3）培养学生水滴石穿、锲而不舍的精神；

（4）培养学生的防火意识；

（5）培养学生自我调节意识；

（6）培养学生节约能源的意识。

单元 3　管道系统创建

任务 3.1　管道参数的设置

2020 年第二期"1+X"初级真题

在绘制管道系统之前，需要对管道系统进行创建并进行一些设置，如对管道的一些基本参数进行设置，以及对管道系统进行创建等。管道参数设置包括很多内容，例如管道的"角度""转换""管段和尺寸""流体""坡度""计算"，以及风管的"角度""转换""矩形""椭圆形""圆形""计算"等。

这里，根据需要，我们重点学习管道尺寸的设置、管道类型的设置等内容。

1. 管道尺寸的设置

在 MEP 当中，我们设置当前项目文件中的管道尺寸参数信息的常用方法有两种：一是通过【机械设置】对话框进行设置；二是通过【属性】栏中的【编辑类型】对话框进行设置。

（1）第一种方法的操作步骤

1）单击【管理】选项卡→【设置】面板→【MEP 设置】按钮→【机械设置】，弹出【机械设置】对话框（快捷键"MS"），如图 3-1 所示。

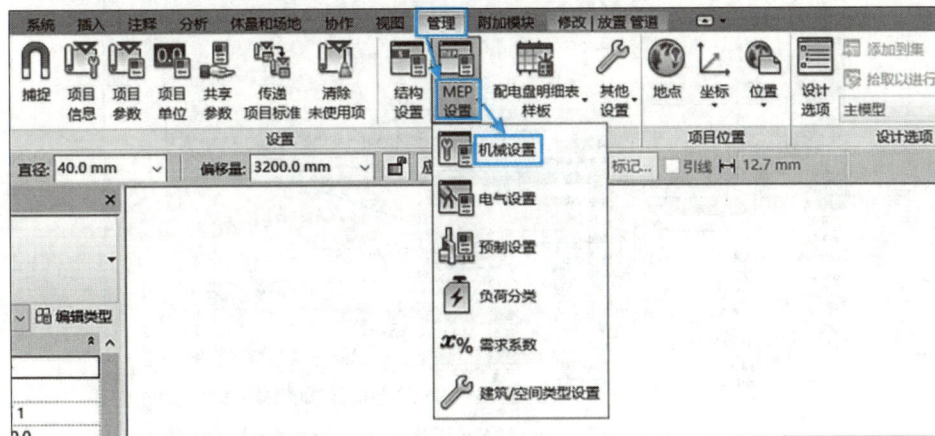

图 3-1

2）在【机械设置】对话框中，选择"管段和尺寸"→右侧"管段"处从下拉菜单中选择管材→在"尺寸目录"中新建、编辑或删除尺寸→单击【确定】，如图 3-2 所示。

（2）第二种方法的具体操作步骤

1）【属性】栏→任选一管道类型，如"给水管道"→ 单击【编辑类型】

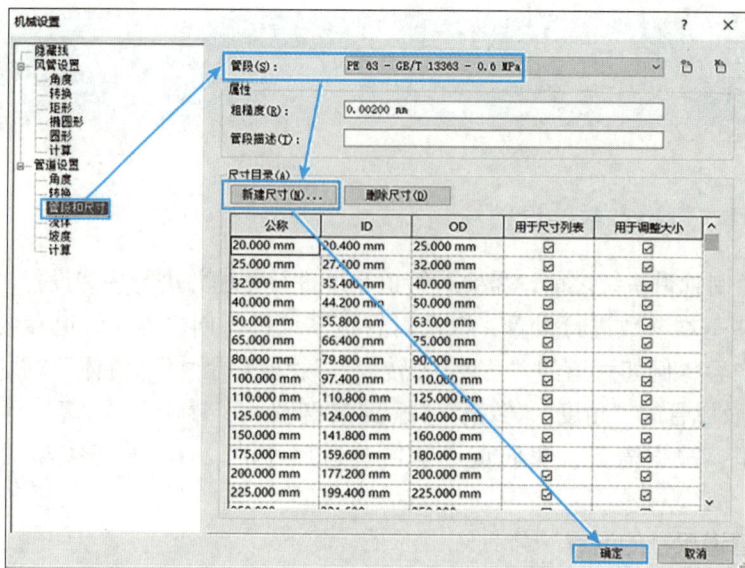

图 3-2

按钮，在弹出的【类型属性】对话框中，单击"布管系统配置"后面的【编辑】按钮，弹出【布管系统配置】对话框→单击【管段和尺寸】按钮，会弹出【机械设置】对话框，如图 3-3 所示。

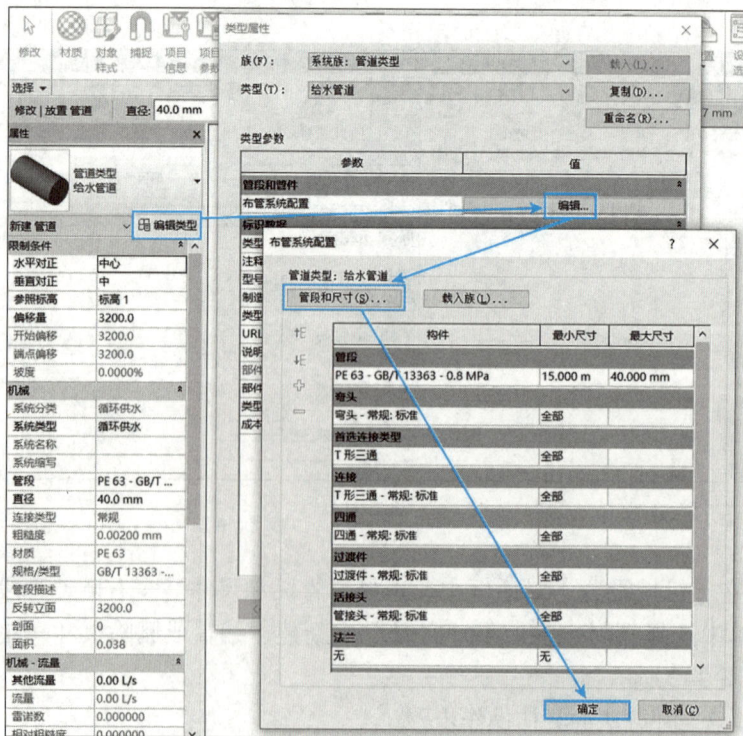

图 3-3

2）第二步同第一种方法。

需要注意的是，在新建管道尺寸时，我们只能添加系统中不存在的尺寸。如果我们添加的尺寸在系统中已存在，那么，在点击【确定】按钮后，会弹出【管道尺寸重复】对话框，提示我们"此管道尺寸已存在。请指定其他管道尺寸。"

在绘图过程中，我们尽量不去做删除尺寸的操作。如果非删除不可的话，只要在如图 3-2 所示的对话框中选择想要删除的尺寸，单击【删除尺寸】按钮就可以了。但是，如果在绘图区域已经绘制了某尺寸的管道，那么该尺寸在列表中将不能被删除。我们只有在删除干净项目文件中该尺寸的管道之后，才能删除尺寸列表框中的尺寸。

后续，我们还会用到坡度的设置。坡度的设置方法和管道尺寸设置方法相同，在如图 3-2 所示的【机械设置】对话框里，在左侧"管道设置"子菜单里选择"坡度"就可以了。这样我们就可以参照上面的操作进行管道坡度的新建或删除操作了。

2.管道类型的设置

在 MEP 中，管道类型指的是管道和软管的族类型。管道和软管都属于系统族，无法自行创建，但是我们可以创建、编辑或删除族类型。管道类型设置的方法和步骤如下：

（1）点击【系统】选项卡→【卫浴和管道】选项面板→单击【管道】按钮，如图 3-4 所示。此步操作的快捷键是"PI"。

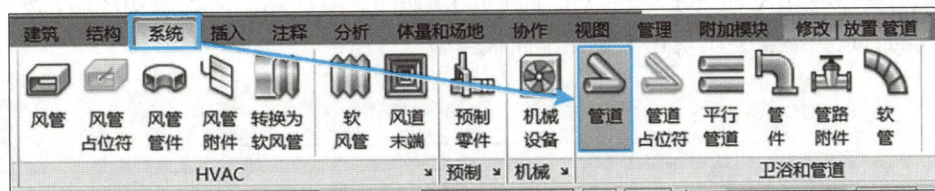

图 3-4

（2）此时，我们可以通过左边打开的【属性】对话框，选择和编辑管道类型。单击【编辑类型】→在弹出的【类型属性】对话框中单击"布管系统配置"后面的【编辑】，会弹出【布管系统配置】对话框，如图 3-5 所示。

（3）这时，我们就可以对管道类型进行相应的设置了。例如，点击"管段"下方对应的方框，在方框右侧就会出现下拉菜单标识，点开即可从中选择我们所需的管材类型。下面的弯头、连接、四通、法兰以及过渡件等均可以进行相应的选择和设置。同时，我们还可以设置在当前项目中所需的最大尺寸和最小尺寸，方便后续绘图。设置完成后，连续点击【确定】按钮。

（4）点击【复制】按钮→在弹出的【名称】对话框中输入所需要的管道系

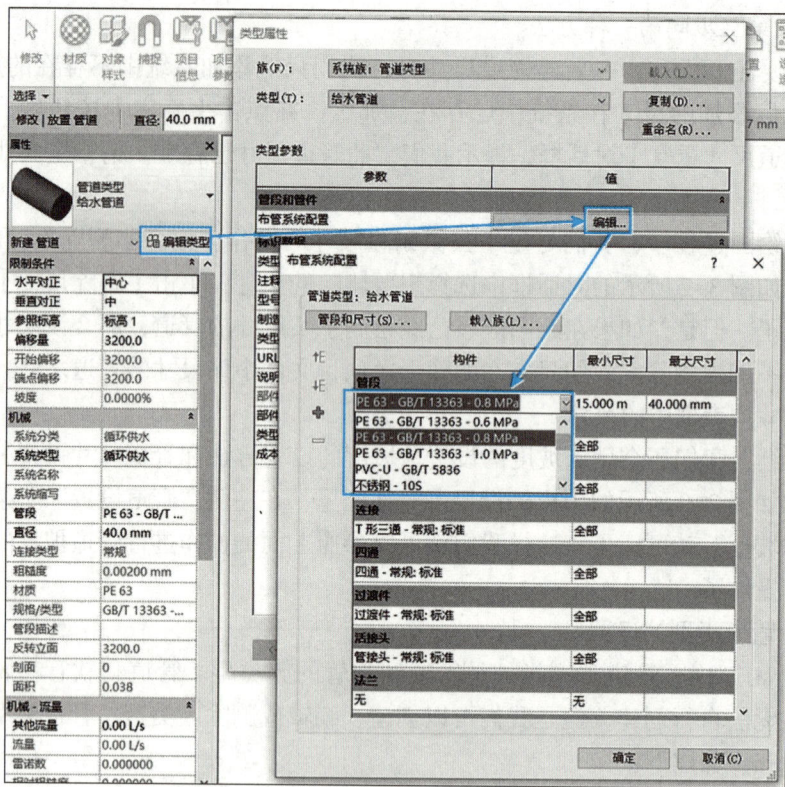

图 3-5

统名称→点击【确定】→再点击【确定】，如图 3-6 所示。命名成功之后，新建的管道类型就会出现在【属性】面板当中。

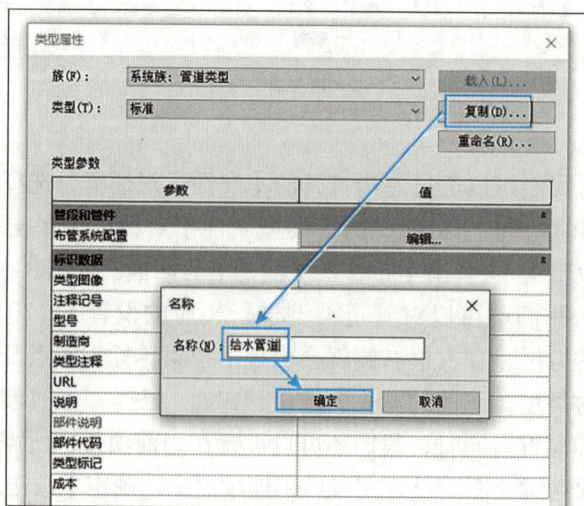

图 3-6

此外，我们也可以使用类似的方法定义软管的类型，具体操作方法和步骤与管道设置基本相同。所不同的地方是，在软管的类型属性中，我们可以对其粗糙度进行设置。另外，普通管道可以在所有视图中进行绘制，而软管则不能在立面视图中绘制，只能在平面视图和三维视图中绘制。

【随堂练习】

1.（单选题）关于尺寸设置的叙述，不正确的是（　　　）。

A.在新建管道尺寸时，我们只能添加系统中不存在的尺寸

B.如果我们添加的尺寸在系统中已存在，那么，在点击【确定】按钮后，会弹出【管道尺寸重复】对话框

C.如果在绘图区域已经绘制了某尺寸的管道，那么该尺寸在列表中能被删除

D.我们只有在删除干净项目文件中该尺寸的管道之后，才能删除尺寸列表框中的尺寸

2.（多选题）在 MEP 当中，我们设置当前项目文件中的管道尺寸参数信息的常用方法有（　　　）。

A.通过【机械设置】对话框进行设置

B.通过【项目浏览器】进行设置

C.通过【属性】栏中的【编辑类型】对话框进行设置

D.通过【选项栏】进行设置

3.（判断题）软管不能在立面视图中绘制，只能在平面视图和三维视图中绘制。（　　　）

任务 3.2　管道系统的创建

这部分内容见真题，其中题目要求第 2 条：按要求命名风管和水管系统，并根据表 3-1 设置管道颜色。

系统名称及颜色编号　　　　　　表 3-1

系统名称	颜色编号（RGB）
PY- 排烟管	255，0，255
W- 污水管	64，0，64
J- 给水管	0，255，0
F- 消火栓管	255，0，0

1.管道系统的创建

我们先来创建"W- 污水管"，具体操作步骤如下：

（1）在【项目浏览器】面板中，点击"族"前面的"+"号，打开子菜单

→"管道系统"→打开子目录至最里层，我们可以看到，系统默认自带的管道系统有：其他、其他消防系统、卫生设备、家用冷水、家用热水、干式消防系统、循环供水、循环回水、湿式消防系统、通风孔、预作用消防系统。我们应根据表 3-1 的要求，在系统自带的系统中选择比较相近的进行复制和改造。这样，可以使我们自建的管道系统很好地继承系统原有系统的特性。从系统自带的系统中选择比较相近的"卫生设备"→单击鼠标右键→选择"复制"，得到一个新的管道系统"卫生设备 2"。

（2）在新复制出的管道系统"卫生设备 2"上再单击鼠标右键→在下拉菜单中选择"重命名"，按要求输入新的名称"W-污水管"，如图 3-7 所示。

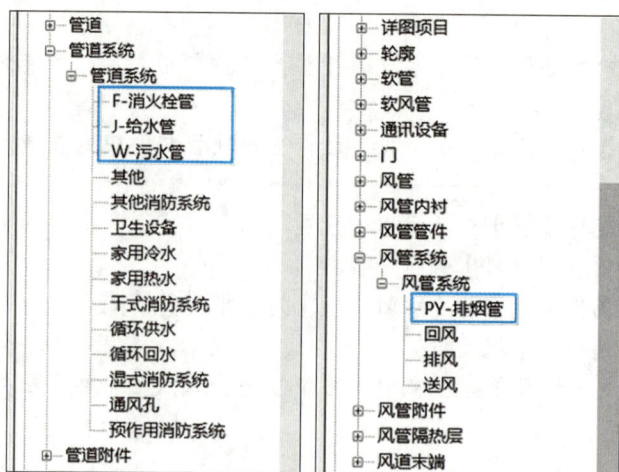

图 3-7

其余几个，"J-给水管"用"家用冷水"进行复制，"F-消火栓管"用"其他消防系统"进行复制，"PY-排烟管"用"风管系统"下的"排风"进行复制。具体操作方法与"W-污水管"的相同。

2. 管道系统颜色的设置

管道系统颜色设置方法和步骤如下。

在【项目浏览器】面板中我们刚刚建立的管道系统上单击鼠标左键选中"F-消火栓管"→再单击一次，打开【类型属性】对话框→单击"图形替换"后面的【编辑】按钮，弹出【线图形】对话框→单击"颜色"栏，弹出【颜色】对话框→根据题目要求修改颜色编号→连续点击【确定】按钮，如图 3-8 所示。

其他各管道系统颜色设置方法相同，可参照以上方法和步骤以及表 3-1 的要求进行设置。

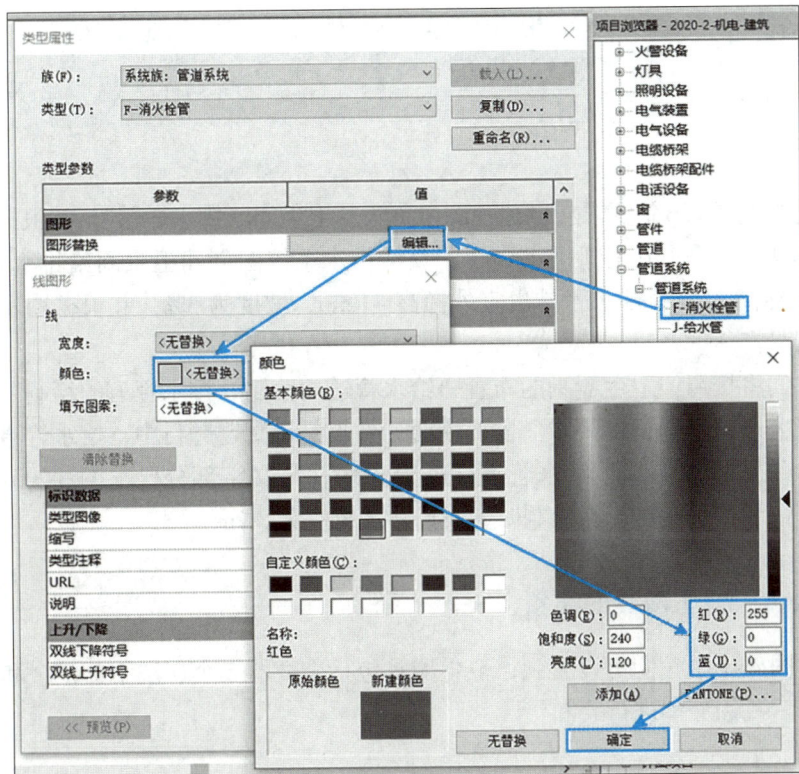

图 3-8

【随堂习题】

1.（单选题）以下选项不正确的是（　　　）。

A."W- 污水管"用"卫生设备"进行复制

B."J- 给水管"用"家用冷水"进行复制

C."F- 消火栓管"用"其他消防系统"进行复制

D."PY- 排烟管"用"通风口"进行复制

2.（多选题）系统默认自带的管道系统有（　　　）。

A.卫生设备　　　　　　　　B.家用冷水

C.给水系统　　　　　　　　D.消防系统

3.（判断题）"F- 消火栓管"既可以用"干式消防系统"进行复制，也可以用"湿式消防系统"进行复制。（　　　）

单元 4　给水排水系统创建

真题题目第 6 条要求：创建视图名称为"卫生间给排水详图"，并根据"卫生间给水详图""卫生间排水详图"及给排水系统图创建卫生间给排水模型，给水管标高 3.2m；排水管排出室外标高 -1.5m，坡度为 3%；并根据图示创建卫生器具。

我们将按照"卫生器具的布置→给水管道的绘制→排水管道的绘制"的顺序，来完成这个题目的要求。需要说明的一点是，真题题目中，给水管道平面图和系统图标注的水平给水管道标高为 3.3m，与文字部分要求的 3.2m 不符。这属于命题的小瑕疵，在绘制时，我们将之统一为 3.2m。

任务 4.1　卫生器具的布置

在图 4-1 中我们可以看到，卫生器具包括坐便器 5 个、洗手盆 1 个和小便器 3 个。我们分别进行绘制。

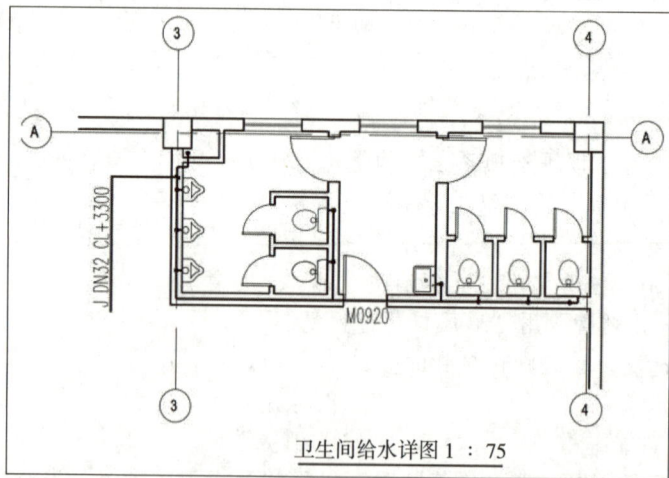

卫生器具的
布置

图 4-1

1. 坐便器的绘制方法和步骤

（1）点击【系统】选项卡→【卫浴和管道】选项面板→【卫浴装置】按钮，如图 4-2 所示。此步操作的快捷键是"PX"。

（2）在【属性】面板里单击图标，打开下拉菜单→单击选择"坐便器 - 冲洗水箱"→单击其下方的"标准"，如图 4-3 所示。此时，即选中标准形式的坐便器，如图 4-4 所示。

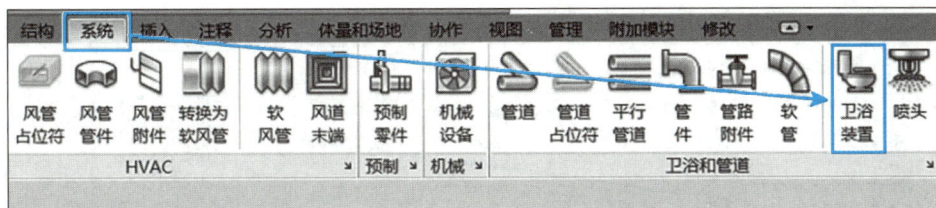

图 4-2

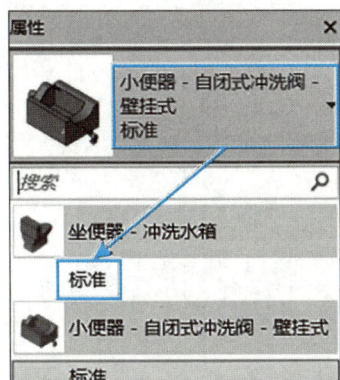

图 4-3

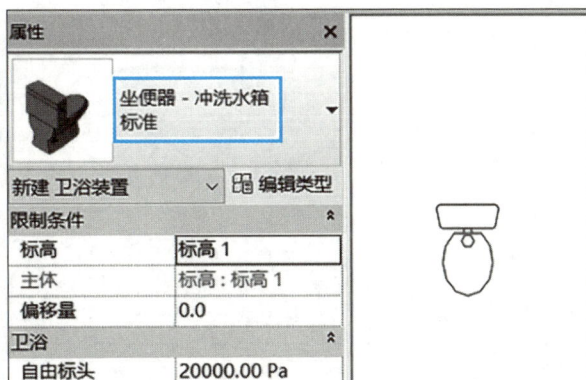

图 4-4

（3）将坐便器放置在正确位置。当鼠标贴近墙面、墙面高亮显示时，单击鼠标即可放置，如图 4-5 所示。如果坐便器方向不对，可通过单击空格键进行旋转。依次将所有坐便器绘制完成。

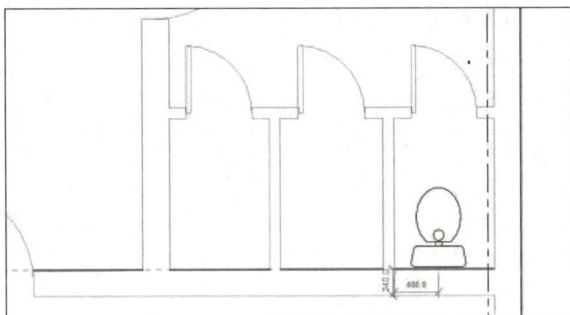

图 4-5

（4）对坐便器进行尺寸标注。点击【修改 | 放置尺寸标注】选项卡→单击【对齐尺寸标注】按钮（快捷键"DI"）→【选项栏】中选择"参照墙中心线"，如图 4-6 所示。依次拾取墙中心线和各个坐便器的中心线，进行尺寸标注，如图 4-7 所示。

（5）从固定位置墙面开始，依据真题中的图纸尺寸（图 4-8），依次进行尺寸修改。例如，女卫生间的 3 个坐便器，应该从最右侧的一个改起。单击选

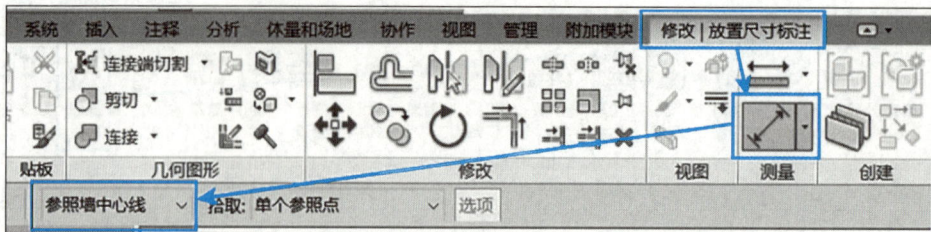

图 4-6

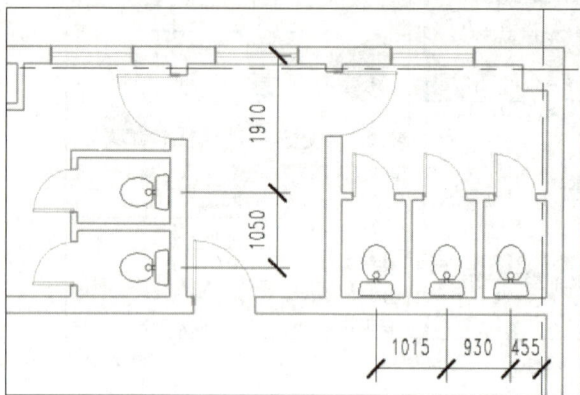

图 4-7

中要移动位置的坐便器→单击尺寸标注数据→将该坐便器距离墙面的尺寸 455，修改为正确的 390 →按【Enter】键。然后，再按照顺序依次修改其他坐便器的尺寸标注。男卫生间坐便器位置的修改方法相同，参照点是轴线 Ⓐ 所对应的墙体的中心线（图 4-9）。

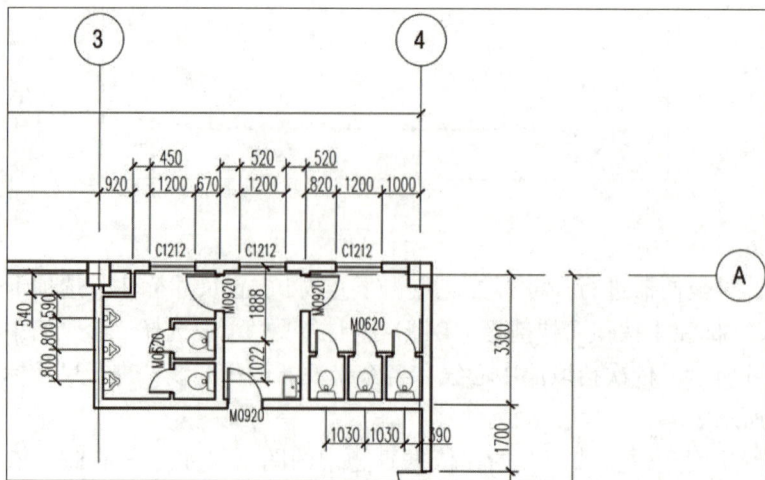

图 4-8

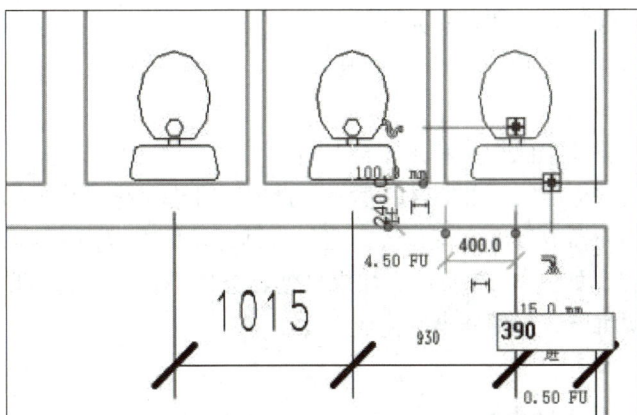

图 4-9

2. 洗脸盆的绘制方法和步骤

（1）点击【系统】选项卡→【卫浴和管道】选项面板→【卫浴装置】按钮，如图 4-2 所示。此步操作的快捷键是"PX"。

（2）在【属性】面板里单击图标，打开下拉菜单→选择"洗脸盆 – 壁挂式"→单击其下方的"580mm×500mm"，如图 4-10 所示。此时，即选中该尺寸的洗脸盆。

（3）将洗脸盆放置在正确位置。当鼠标贴近墙面、墙面高亮显示时，单击鼠标即可放置，如图 4-11 所示。如果洗脸盆方向不对，可通过单击空格键进行旋转。由于图中没有标注洗脸盆的尺寸，我们不需要对其进行标注。关于其定位问题，待污水管线绘制出来后，将其与污水管线中心线对齐即可。

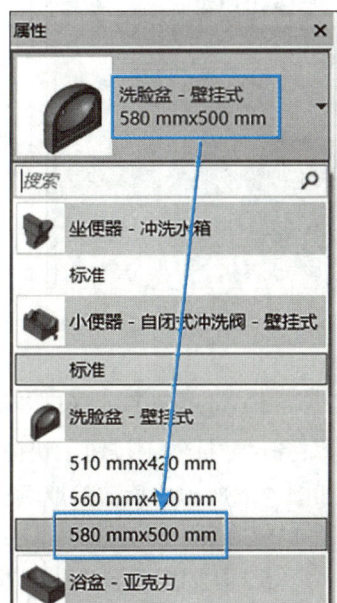

图 4-10

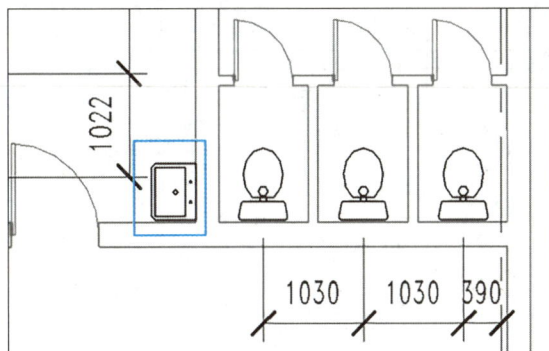

图 4-11

小便器的绘制方法和步骤如下。

（1）点击【系统】选项卡→【卫浴和管道】选项面板→【卫浴装置】按钮，如图 4-2 所示。

（2）在【属性】面板里单击图标，打开下拉菜单→单击选择"小便器"→单击其下方的"标准"，如图 4-12 所示。此时，即选中标准形式的小便器。

（3）将小便器放置在正确位置。当鼠标贴近墙面、墙面高亮显示时，单击鼠标即可放置，如图 4-13 所示。如果坐便器方向不对，可通过单击空格键进行旋转。依次将所有小便器绘制完成。

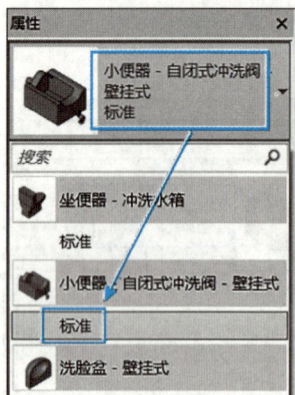

图 4-12

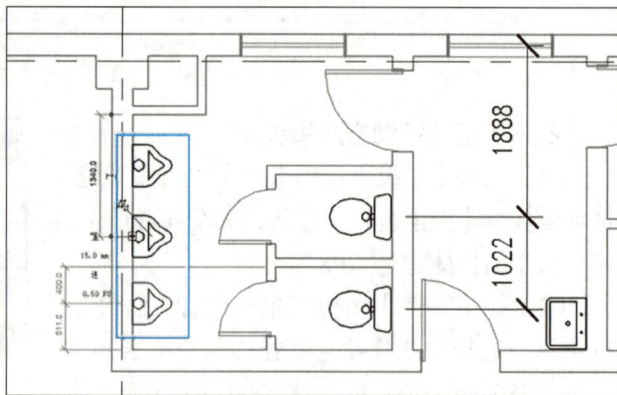

图 4-13

（4）对小便器进行尺寸标注。点击【修改 | 放置尺寸标注】选项卡→单击【对齐尺寸标注】按钮（快捷键"DI"）→【选项栏】中选择"参照墙中心线"，如图 4-6 所示。依次拾取墙中心线和各个小便器的中心线，进行尺寸标注，如图 4-14 所示。

（5）从固定位置墙中线开始，依据真题中的图纸尺寸（图 4-8），按从上到下的顺序依次进行尺寸修改。以最上面的一个小便器为例，单击该小便器→单击尺寸标注数据，如图 4-15 所示，此时，该小便器距离墙面的尺寸是 607，将

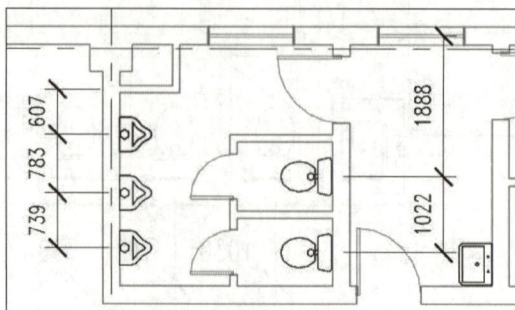

图 4-14

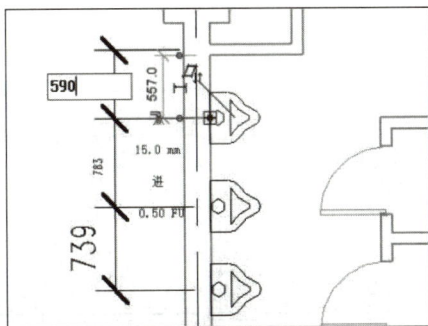

图 4-15

其修改为正确的 590 →按【Enter】键。然后，再按照顺序依次修改其他小便器的尺寸标注。

【随堂习题】

1.（单选题）在 BIM 绘图过程中，以下说法正确的是（　　　）。

A. 如果卫生器具方向不对，可通过单击空格键进行旋转

B. 如果卫生器具方向不对，可通过单击【Enter】键进行旋转

C. 如果卫生器具方向不对，可通过单击【Ctrl】键进行旋转

D. 如果卫生器具方向不对，可通过扳手等工具进行旋转

2.（多选题）卫生器具的绘制都包括哪些？（　　　）

A. 坐便器

B. 洗手盆

C. 小便器

D. 尿壶

3.（判断题）坐便器的绘制可以点击【系统】选项卡→【卫浴和管道】选项面板→【卫浴装置】按钮，也可以使用快捷键"PX"。（　　　）

任务 4.2　给水管道的绘制

给水管道绘制的内容可以分为给水立管绘制、给水水平管道绘制、卫生器具连接等几个部分。

1. 给水管道图的识读

给水管道绘制内容，主要依据卫生间给水详图和卫生间给水系统图。从卫生间给水详图（图 4-16）中我们可以看出，在管道井中有一个给水立管，从给水立管接出一个横支管，向南拐一下，然后向西拐，进入轴线③所对应的墙中，在墙里面沿着墙向南，接入 3 个小便器。当给水管道走至卫生间最南侧墙时，向东转弯，仍然沿着墙的内部一直到最东边的轴线④附近。其中，在男卫生间东墙分出一根支管沿墙向北，接男卫生间两个坐便器。在女卫生间西侧墙分出一根支管沿墙向北，接洗手盆。最后接女卫生间的 3 个坐便器。

给水管道图识读

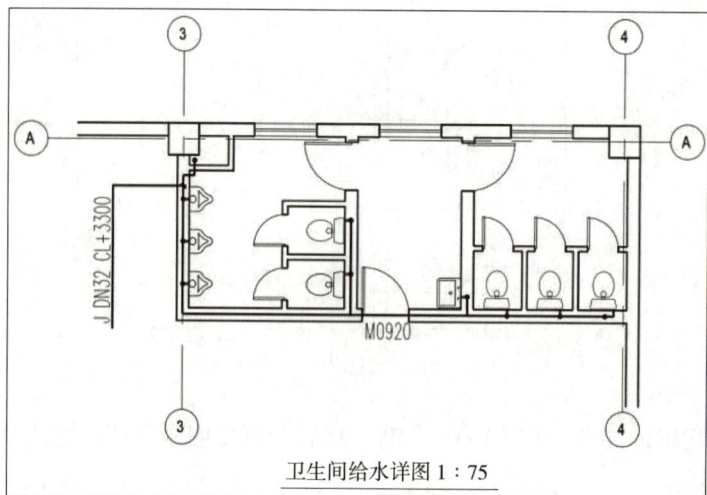

卫生间给水详图 1：75

图 4-16

从卫生间给水系统图（图 4-17）中，我们可以看出，给水来自上层楼，立管管径 *DN*40，这也是系统中最大的管径。最小管径为 *DN*15。图中标注了给水管道的标高为 3.3m，此处与文字部分的要求相互矛盾，文字部分要求给水管道标高是 3.2m。我们以 3.2m 为准进行绘制。

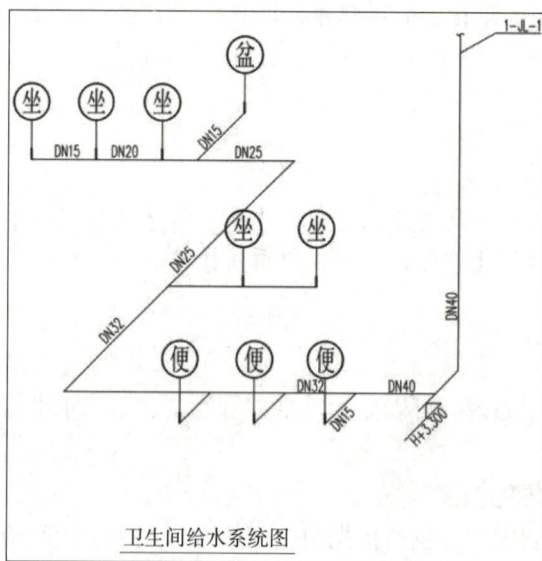

卫生间给水系统图

图 4-17

2. 给水立管的绘制

给水立管的绘制方法和步骤如下。

（1）点击【系统】选项卡→【卫浴和管道】选项面板→【管道】按钮，如图 3-4 所示。此步操作的快捷键是"PI"。

（2）在【属性】面板中单击【编辑类型】，弹出"类型属性"对话框→单击【复制】按钮→在弹出的对话框架中输入"给水管道"→单击【确定】按钮，如图 4-18 所示。

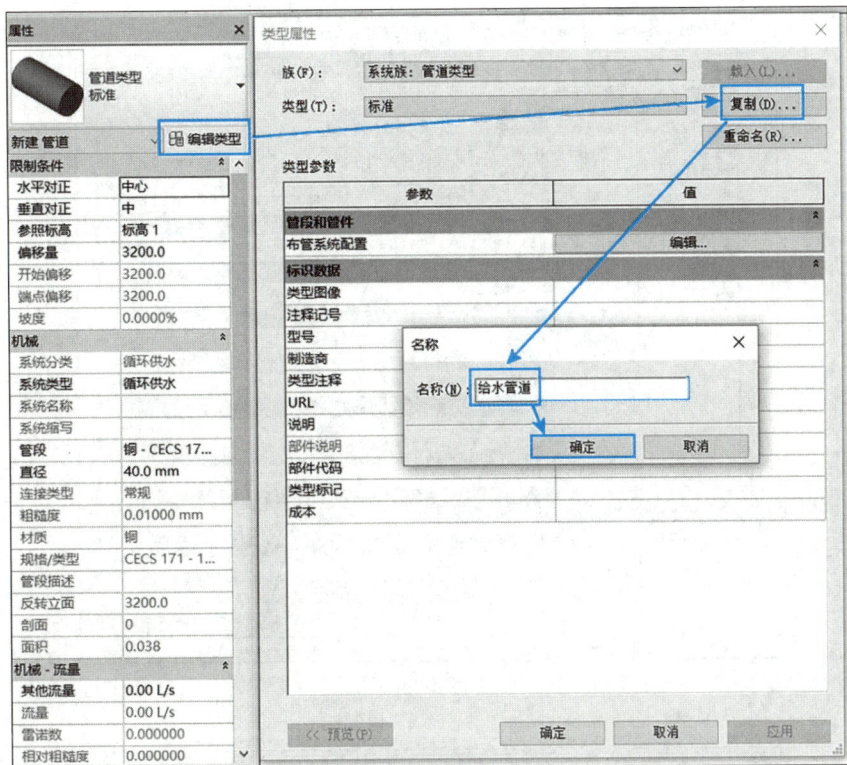

图 4-18

（3）在【类型属性】对话框中，"布管系统配置"后面，单击【编辑】按钮，弹出【布管系统配置】对话框。在该对话框中，可以设置管段的材质、最小尺寸和最大尺寸。根据题目要求，我们将最小尺寸设为 15mm，最大尺寸设为 40mm；管材没有要求，我们任意选中一种→单击【确定】按钮→再单击【确认】按钮，如图 4-19 所示。

（4）在【属性】面板中，将系统类型改为"J- 给水管"→在【选项栏】里，将直径设为 40mm，偏移量设为 3200mm →在管道井中绘制给水立管的位置单击→将偏移量改为 6000mm →点击【应用】按钮，即可绘制出管道井中给水立管，如图 4-20 所示。此时，为了能够清晰看到给水立管，可在绘图区左下角视图控制栏中将绘图比例改为 1 ∶ 10 或 1 ∶ 5。

3. 水平管道的绘制

从真题图上可以看出，水平管道最大管径 DN40，最小管径 DN15。首先从管道井中的立管开始画起。具体操作方法和步骤如下。

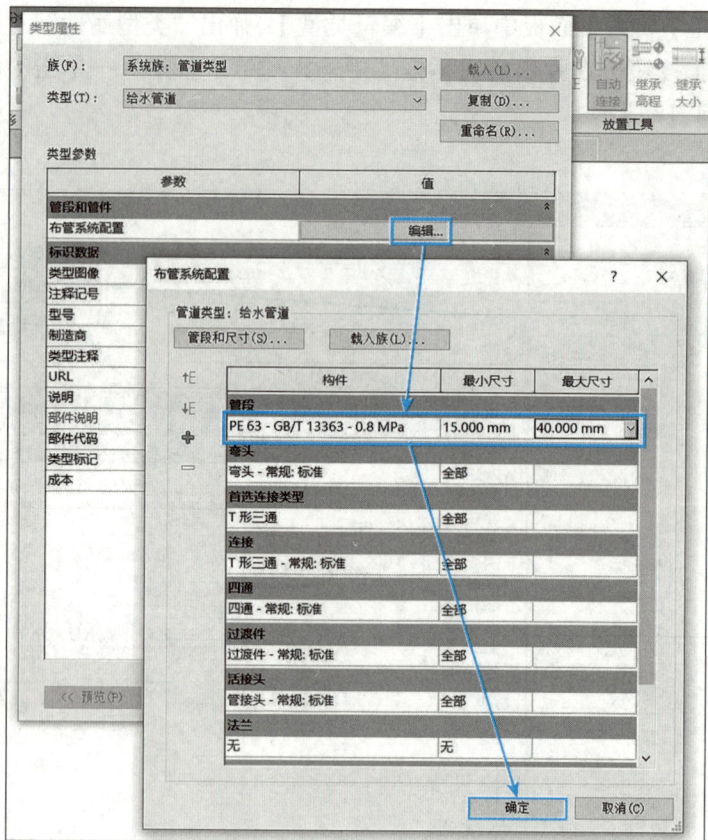

图 4-19

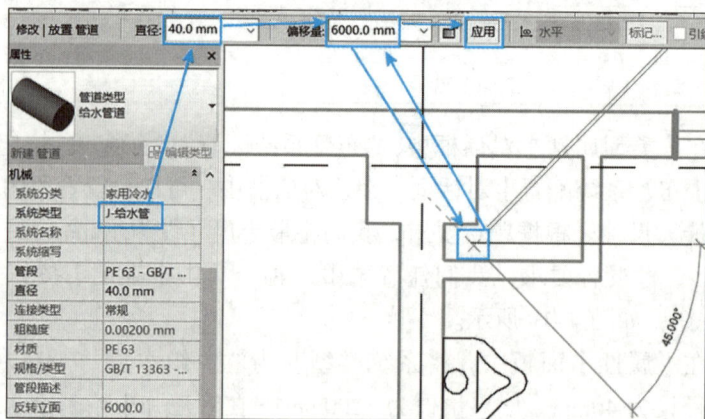

图 4-20

（1）点击【系统】选项卡→【卫浴和管道】选项面板→【管道】按钮，此步操作的快捷键是"PI"，如图 3-4 所示。

（2）在【选项栏】里，将直径设为 40mm，偏移量设为 3200mm，在立管处单击指定水平管道的起始点，向下穿过管道井间壁墙后向左转 90°，在墙轴线处单击，然后转向下，在墙拐角处单击，然后沿墙转向右方，至男卫生间右边的隔墙处向上转，在超过男卫生间坐便器再往上一点儿处单击鼠标左键结束这一段给水管线的绘制，如图 4-21 所示。

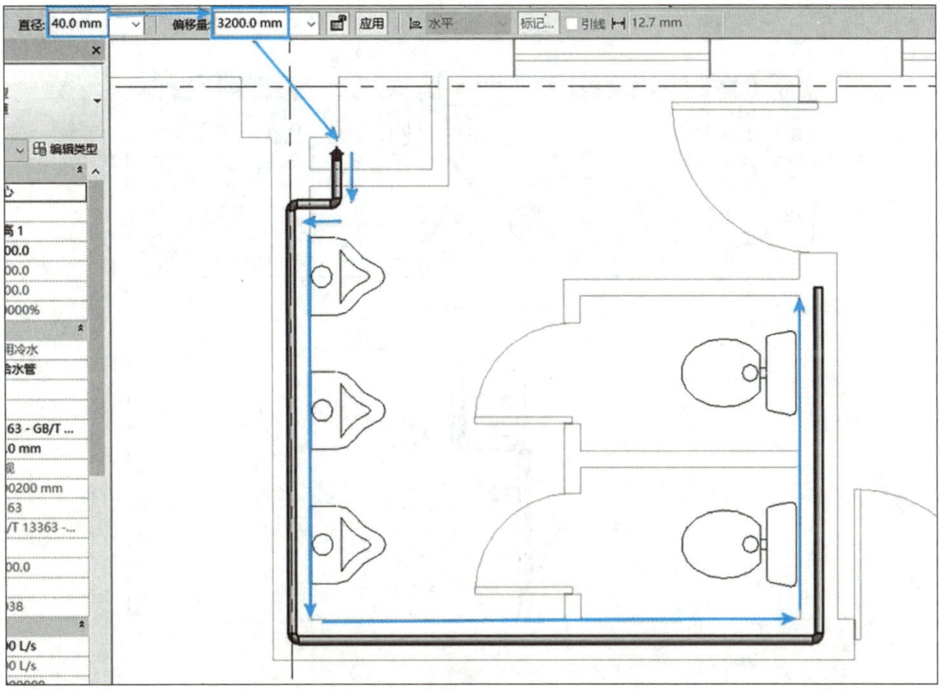

图 4-21

（3）点击男卫生间东南角处的弯头→点击右侧的"+"号，将弯头升级为三通→在新生成的三通接口处向右继续绘制管线→至女卫生间西侧墙向上转90°弯，继续沿墙轴线绘制，长度超过洗手盆上缘，如图 4-22 所示。

（4）点击女卫生间西南角处的弯头→点击右侧的"+"号，将弯头升级为三通→在新生成的三通接口处向右继续绘制管线，至女卫生间最东边，如图 4-23 所示。

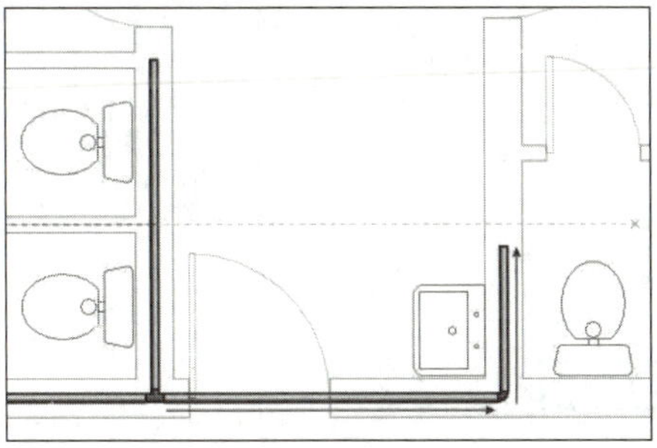

图 4-22

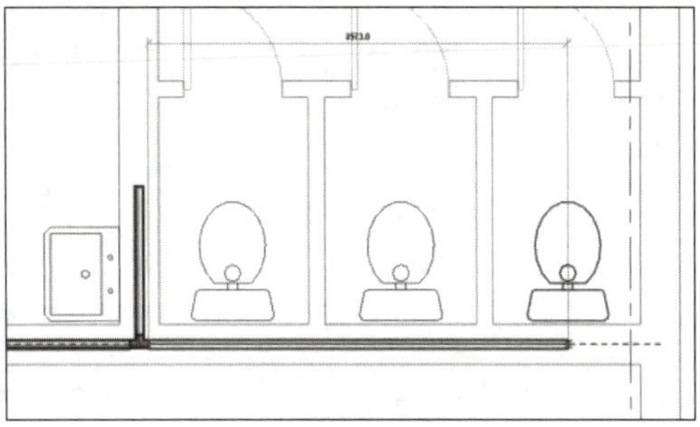

图 4-23

4. 小便器的连接

共有 3 个小便器，需要连接至水平管道。具体操作方法和步骤如下。

（1）单击选中第 1 个小便器→【修改 | 卫浴装置】选项卡→【布局】面板→单击【连接到】按钮，如图 4-24 所示。

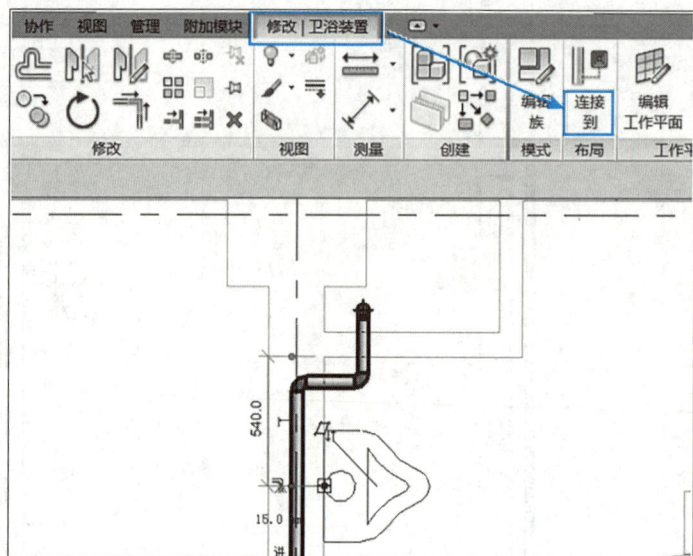

图 4-24

（2）单击【布局】面板中的【连接到】按钮→弹出【选择连接件】对话框→选择其中的"连接件 1：家用冷水：圆形：15mm：In"→点击【确定】按钮，如图 4-25 所示。

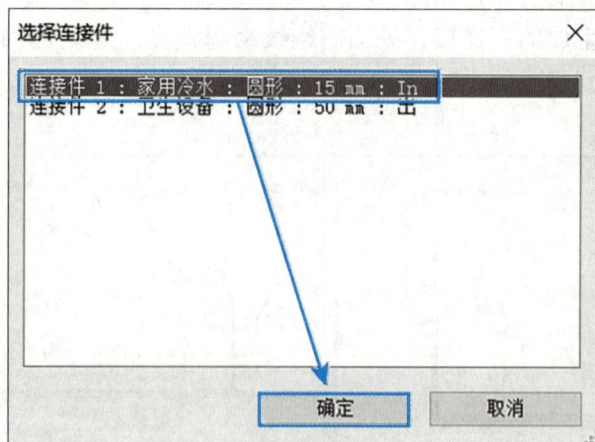

图 4-25

（3）在第 1 个小便器附近的水平管线上单击一下，即完成连接。

（4）由真题中卫生间给水系统图可知，水平管道过了第 1 个小便器后，管径变为 DN32。因此，在连接完第 1 个小便器后，单击选中连接该小便器的三通下方的管道，按住【Ctrl】键，添加弯头和男卫生间南侧墙内的东西向管道，以及三通，将其直径改为 32mm，如图 4-26 所示。

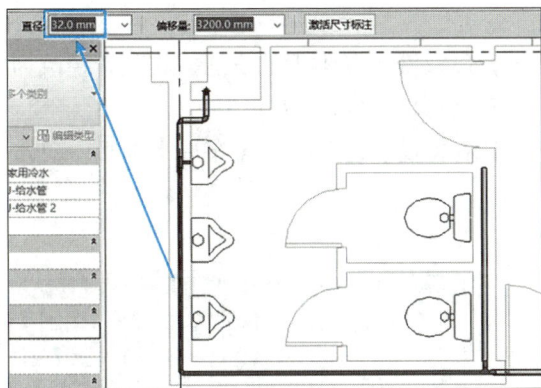

图 4-26

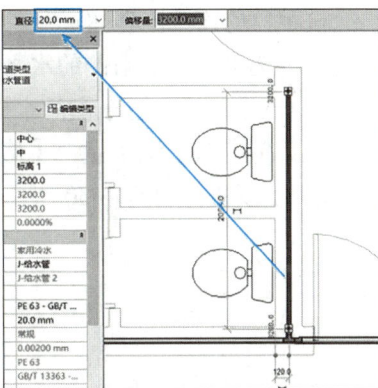

图 4-27

（5）用同样的方法可将第 2 个和第 3 个小便器连接到水平管道上。

5. 男卫生间坐便器的连接

男卫生间坐便器的连接管线，在卫生间给水系统图中并没有给出管径，但是这两段我们可以通过推理得出。女卫生间最东端的第一个坐便器的水平连接管管径为 DN15，接入第 2 个坐便器后管径变为 DN20。由此，我们可以推出，男卫生间的两个坐便器也应该如此，即连接北端的坐便器的水平管道管径应该为 DN15，南端坐便器连接到东西向水平管道的管径应该为 DN20。

男卫生间坐便器连接的方法和步骤如下：

（1）单击选中男卫生间东侧墙内的南北向管道，将其直径改为 20mm，如图 4-27 所示。

（2）单击选中下方的坐便器→【修改丨卫浴装置】选项卡→【布局】面板→单击【连接到】按钮，如图 4-28 所示。

（3）弹出【选择连接件】对话框→选择其中的"连接件 1：家用冷水：圆形：15mm：In"→点击【确定】按钮。

（4）在下方坐便器附近的水平管线上单击一下，即完成连接。

（5）单击选中连接该坐便器的三

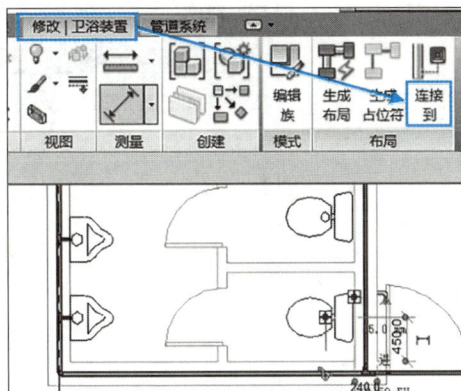

图 4-28

通上方的管道，将其直径改为 15mm。

（6）用同样的方法连接上方的坐便器。

（7）单击选中第 2 个便器连接后水平管道的多余部分，如图 4-29 所示，点击【Delete】键删除。再单击选中三通，点击上方的"-"号，将其降级为弯头。

6. 洗手盆的连接

洗手盆的连接步骤如下：

（1）选中洗手盆南侧的水平管道，以及洗手盆附近的三通，将其管径改为 DN25 →选中的洗手盆东侧的水平管道，将其管径改为 DN15。

（2）单击选中洗手盆→【修改 | 卫浴装置】选项卡→【布局】面板→单击【连接到】按钮，如图 4-30 所示。

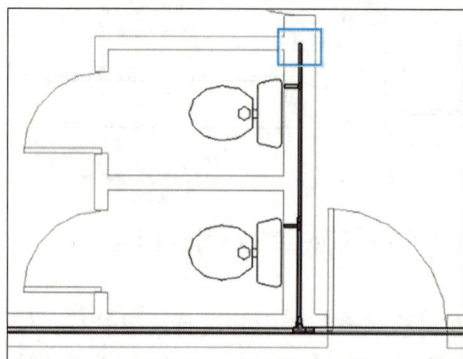

图 4-29

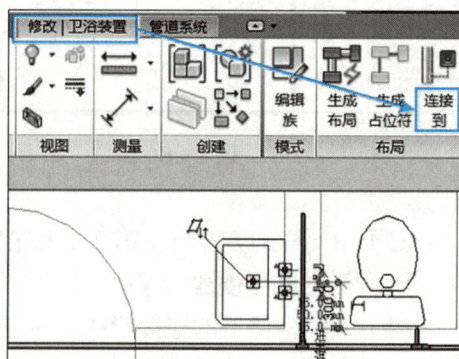

图 4-30

（3）单击【布局】面板中的【连接到】按钮→弹出【选择连接件】对话框→选择其中的"连接件 1：家用冷水：圆形：15mm：In"→点击【确定】按钮，如图 4-31 所示。

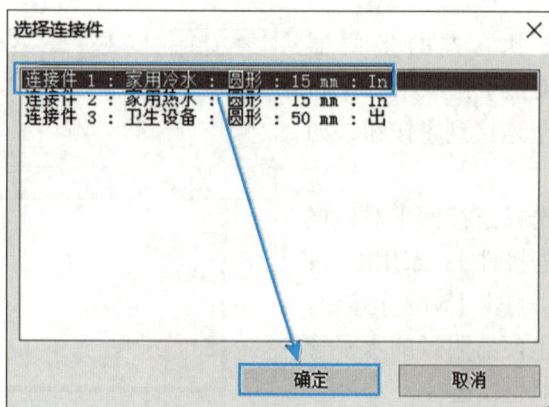

图 4-31

（4）在洗手盆附近的水平管线上单击一下，即完成连接。

（5）单击选中洗手盆连接后水平管道的多余部分→点击【Delete】键删除→单击选中三通→点击上方的"–"号，将其降级为弯头，如图 4-32 所示。

7. 女卫生间坐便器的连接

女卫生间从左到右共有 3 个坐便器。从洗手盆到左边第 1 个坐便器之间的东西向水平管道的管径，在卫生间给水系统图中没有给出，其前后相连接的管段的管径分别为 DN25 和 DN20。我们取较大值，确定其管径为 DN25。从卫生间给水系统平面图中可以看出，水平管道在与女卫生间最东边坐便器中心对齐的位置转向下，然后连接到坐便器。此处是需要注意的一个识图细节。

女卫生间坐便器的连接步骤如下：

（1）单击女卫生间南侧墙内的东西向水平管道，将其直径改为 DN25，如图 4-33 所示。

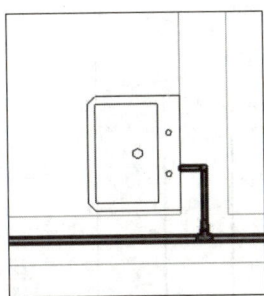

图 4-32　　　　　　　　　　　　图 4-33

（2）单击左边第 1 个坐便器→【修改｜卫浴装置】选项卡→【布局】面板→单击【连接到】按钮，弹出【选择连接件】对话框→选择其中的"连接件 1：家用冷水：圆形：15mm：In"→点击【确定】按钮→在坐便器附近的水平管线上单击一下，即完成连接。

（3）将第 1 个坐便器之后的水平管线管径改为 DN20，用同样的方法连接第 2 个坐便器。

（4）将第 2 个坐便器之后的水平管线管径改为 DN15→单击最后 1 个坐便器→用同样的方法完成连接，如图 4-33 所示。

至此，卫生间给水管道就全部绘制完成了，其平面图和三维视图分别如图 4-34 和图 4-35 所示。

【随堂习题】

1.（单选题）将洗手盆与给水管道进行连接，在选择管道连接件时，应选择（　　　）。

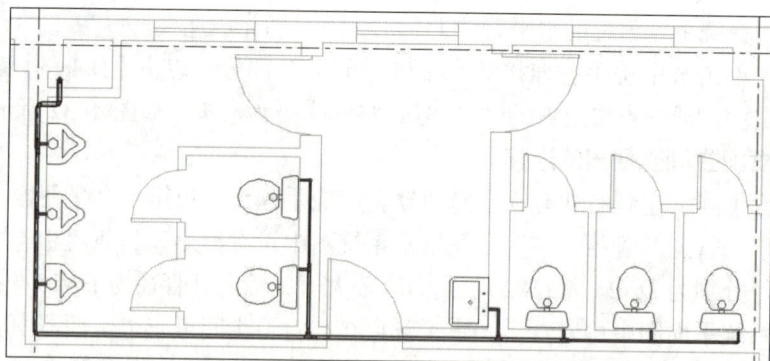

图 4-34

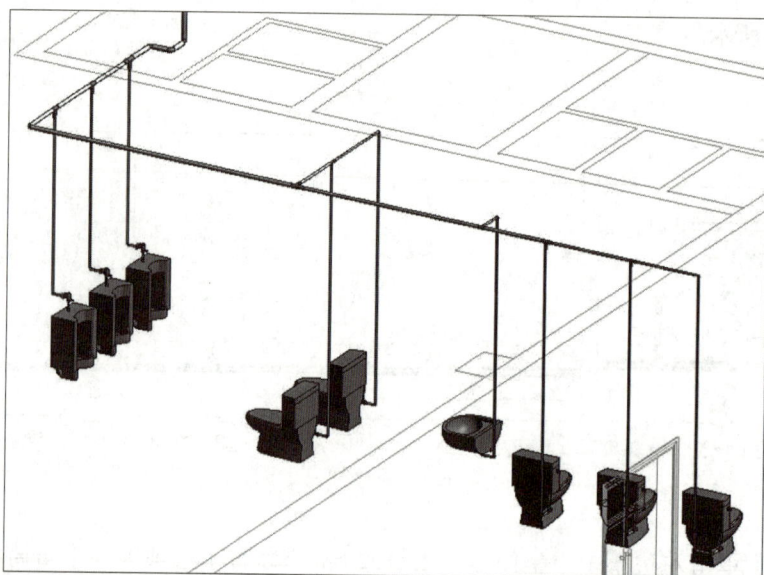

图 4-35

A. 连接件 1：家用冷水：圆形：15mm：In

B. 连接件 2：家用热水：圆形：15mm：In

C. 连接件 3：卫生设备：圆形：50mm：出

D. 哪个都可以

2.（多选题）给水管道绘制的内容包括哪些？（   ）

A. 给水立管

B. 给水水平管道

C. 管道连接件

D. 卫生器具连接

3.（判断题）弯头可以通过点击其某侧的"+"号升级为三通，但是三通不可以通过点击其某侧的"-"号降级为弯头。（   ）

任务 4.3　排水管道的绘制

排水管道绘制的内容可以分为排水立管绘制、排水出户管的绘制、卫生器具连接等几个部分。

1. 排水管道图的识读

排水管道绘制内容，主要依据卫生间排水详图和卫生间排水系统图。从卫生间排水详图（图 4-42）中我们可以看出，在管道井当中，有一个排水立管，该排水立管有定位尺寸，距轴线Ⓐ 400mm，距轴线③ 500mm。从排水立管接出一个水平出户管，向北穿出外墙，在距外墙皮 1000mm 处向西拐一下，然后向南拐。从题目文字要求部分可以获知，水平管道坡度为 3%。因此，水平管道上每一点的标高都不相同。但是，图中标注标高 -1.5m 处位置并不明确，故我们按立管与水平出户管道连接处为 -1.5m 计。

室内水平管道，从最远端女卫生间最东边靠近轴线④的一个坐便器开始，这里是整个卫生间室内排水管道的标高控制点。从卫生间排水系统图（图 4-43）中可知，该处水平排水管道标高为 -0.5m。从题目文字要求部分可以获知，水平管道坡度为 3%。水平排水管道从这一个坐便器开始，向西依次连接女卫生间另外两个坐便器，在穿过隔墙后接洗手盆，连续转两个 135° 弯转向北走，至北墙附近距内墙皮 400mm 处，也就是与排水立管平齐的位置，向西拐 90° 弯，接入排水立管。

男卫生间两个坐便器连接管道向北直行，再转 135° 弯接入东西走向的水平管道。

男卫生间小便器连接管道分别向东一段距离，接入南北走向的水平管道，然后再转 135° 弯接入东西走向的水平管道。

排水管道最大管径 DN200，最小管径 DN50。具体管径分布情况见卫生间排水系统图（图 4-36）。

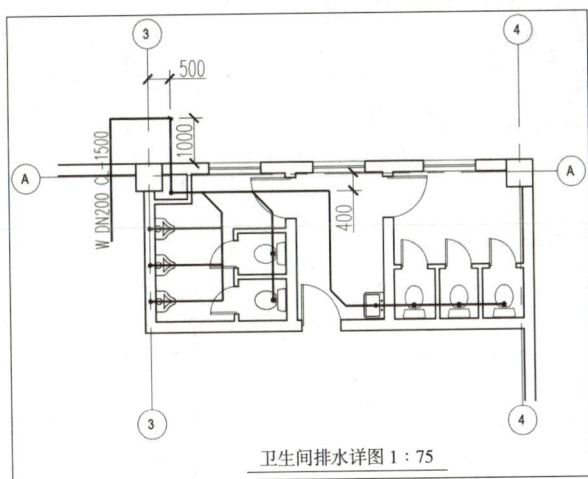

排水管道图
识读

卫生间排水详图 1 : 75

图 4-36

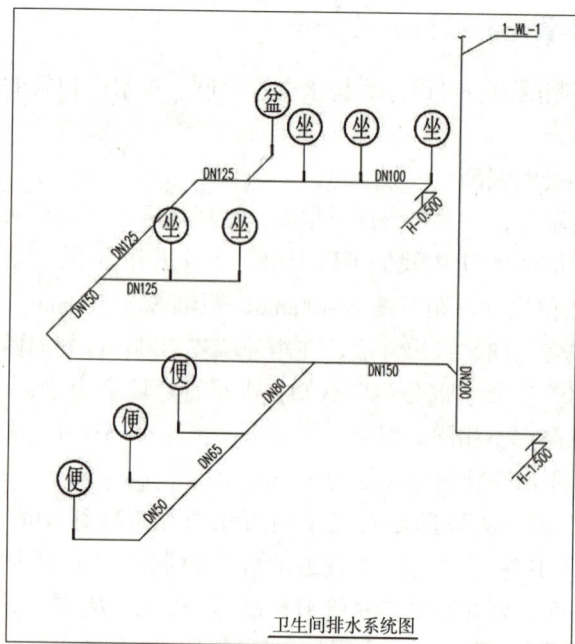

卫生间排水系统图

图4-36（续）

【随堂习题】

1.（单选题）关于排水立管的绘制，以下说法正确的是（　　）。

A. 可以先绘制再进行平面定位，不可以直接按平面正确位置定位绘制

B. 可以直接按平面正确位置定位绘制，不可以先绘制再进行平面定位

C. 可以先绘制再进行平面定位，也可以直接按平面正确位置定位绘制

D. 大体位置正确即可，无需精确定位

2.（多选题）排水出户管等水平管道绘制之前，需要做的准备工作有（　　）。

A. 管道水力粗糙度的设置

B. 视图范围的设置

C. 管道坡度的设置

D. 无需做准备，直接绘制即可

3.（判断题）排水立管的绘制只能在立面视图中完成。（　　）

2. 排水立管的绘制准备

排水立管的绘制方法和步骤如下。

（1）点击【系统】选项卡→【卫浴和管道】选项面板→单击【管道】按钮。

（2）在【属性】面板中单击【编辑类型】，弹出【类型属性】对话框→在"类型"里选择"PVC-U-排水"→单击【复制】按钮→在弹出的对话框架中输入"排水管道"→单击【确定】按钮，如图4-37所示。

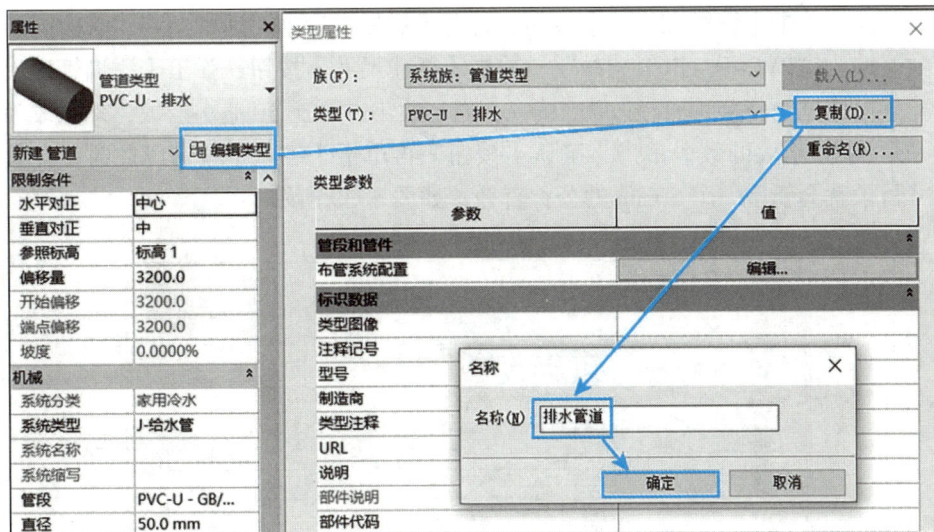

图 4-37

（3）在【类型属性】对话框中"布管系统配置"后面，单击【编辑】按钮，弹出【布管系统配置】对话框。在该对话框中，可以设置管段的材质、最小尺寸和最大尺寸，如图 4-38 所示。根据题目要求，我们需要把最小尺寸设为 50mm，最大尺寸设为 200mm。然而，这里最小尺寸的拉菜单选项里没有 50mm 的选项，所以我们需要添加一个管径为 50mm 的尺寸参数，这可以点击【管段和尺寸】按钮进行设置。

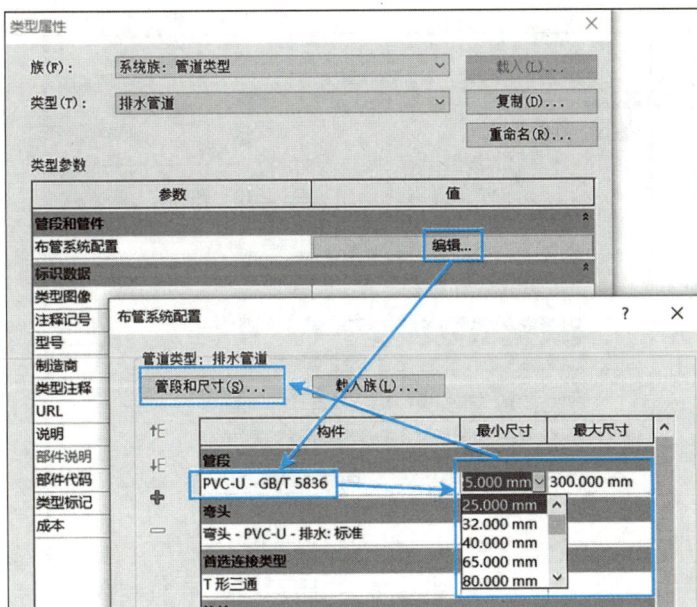

图 4-38

（4）单击【管段和尺寸】按钮，打开【机械设置】对话框→将"管段"参数修改为"PVC–U–GB/T 5836"→单击【新建尺寸】按钮，弹出【添加管道尺寸】对话框→将公称直径改为50mm，内径改为一个比50略小的数，外径改为一个比50略大的数→单击【确认】按钮→再单击【确认】按钮。此时，在尺寸目录就会新增一个50mm的公称直径，如图4-39所示。

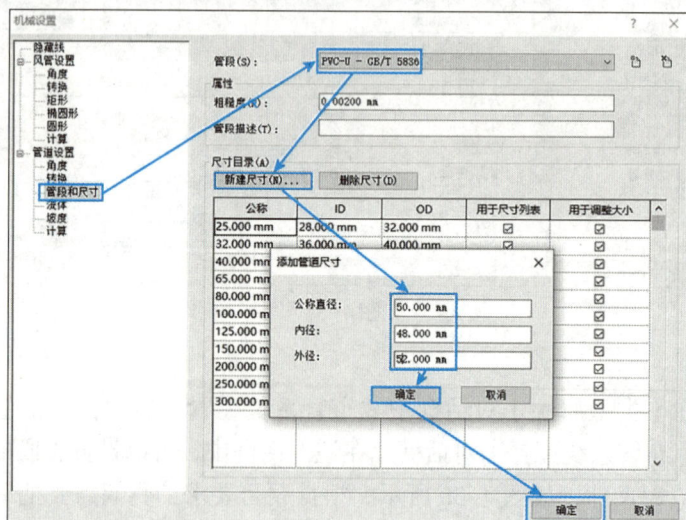

图 4-39

（5）将最小尺寸改为50mm，最大尺寸改为200mm→单击【确认】按钮→再单击【确认】按钮，如图4-40所示。

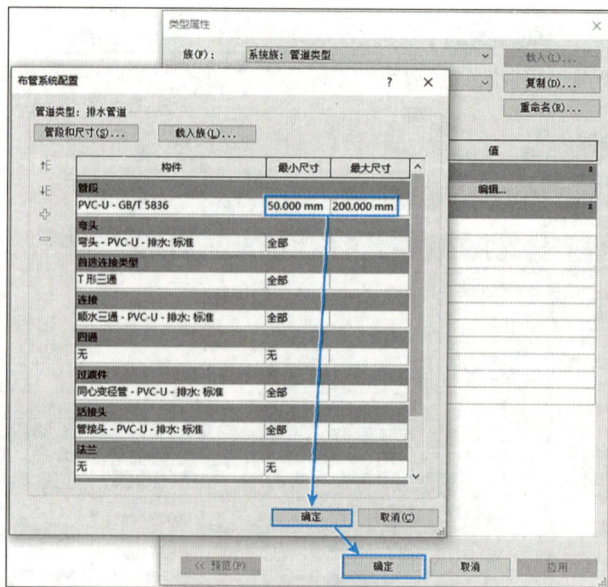

图 4-40

3. 排水立管的绘制

从卫生间排水系统图中可以看出，排水立管位于管道井中，管径为 DN200，我们按立管与水平出户管道连接处为 –1.5m 计，也就是立管下端标高为 –1.5m，上端标高我们设定为 5m 或 6m 均可。平面定位尺寸，距轴线Ⓐ 400mm，距轴线③ 500mm。

排水立管绘制的方法和步骤如下：

（1）输入绘制管道的快捷键"PI"，激活绘制管道命令。

（2）在【选项栏】里，将直径设为 200mm，偏移量设为 –1500mm →在【属性】面板中，将系统类型改为"W– 污水管"→在管道井中单击【确定】绘制排水立管的位置→将偏移量改为 6000mm →点击【应用】按钮，如图 4-41 所示。

4. 排水立管的定位

排水立管定位尺寸，距轴线Ⓐ 400mm，距轴线③ 500mm。定位的具体方法和步骤如下：

（1）输入【对齐尺寸标注】命令的快捷键"DI"→标注轴线Ⓐ至排水立管中心的距离→标注轴线③至排水立管中心的距离。

（2）单击选中排水立管→再分别单击两个尺寸标注文本，将其改为正确数值，如图 4-42 所示。

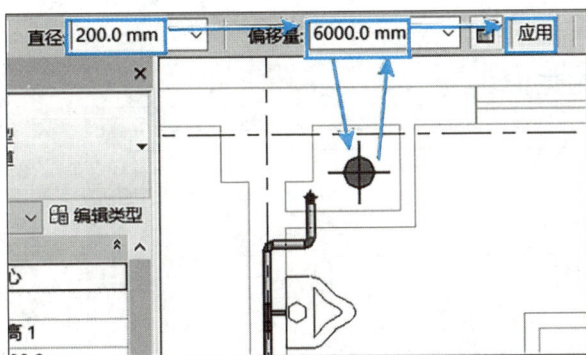

图 4-41

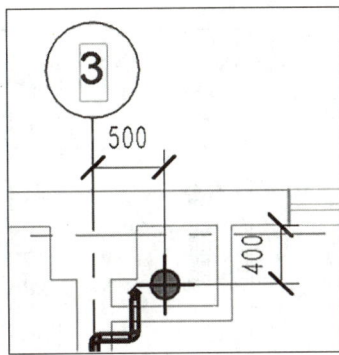

图 4-42

5. 视图范围的设置

排水立管绘制完成之后，绘制排水出户管。在绘制排水出户管之前，需要先做两项准备工作。第 1 项就是视图范围的设置，这是因为系统默认的视图为 0~4m，而我们绘制的管道标高在 –1.5m 以下，不在视图范围之内，所以我们绘制出来的管道在平面视图中不可见。要想使其可见，就需要进行视图范围的设置。具体方法和步骤如下：

【属性】面板→【视图范围】→【编辑】按钮，弹出【视图范围】对话框→将底偏移量和视图深度标高均改为"–2000.0"→点击【确定】，如图 4-43 所示。

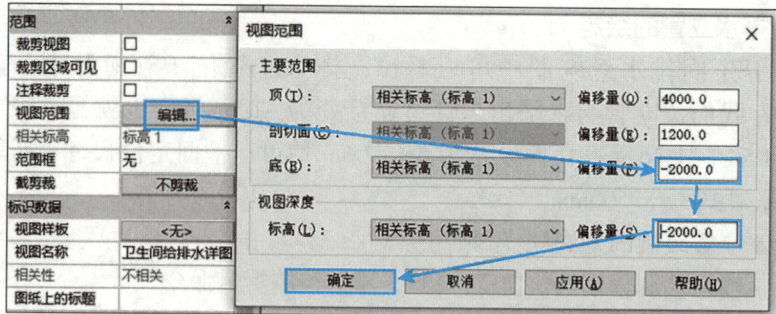

图 4-43

6. 管道坡度的设置

在绘制排水出户管之前，需要先做的另一项准备工作是设置水平管道的坡度。这是因为我们题目中要求水平管道的坡度是 3%。而 Revit 软件当中系统默认的坡度值里没有 3%，这就需要我们先添加。具体操作方法和步骤如下：

（1）单击【管理】选项卡→【设置】面板→【MEP 设置】按钮→【机械设置】，弹出【机械设置】对话框（快捷键 "MS"）。

（2）单击 "坡度" → "新建坡度" →输入坡度值 "3" →【确定】→再【确定】，如图 4-44 所示。

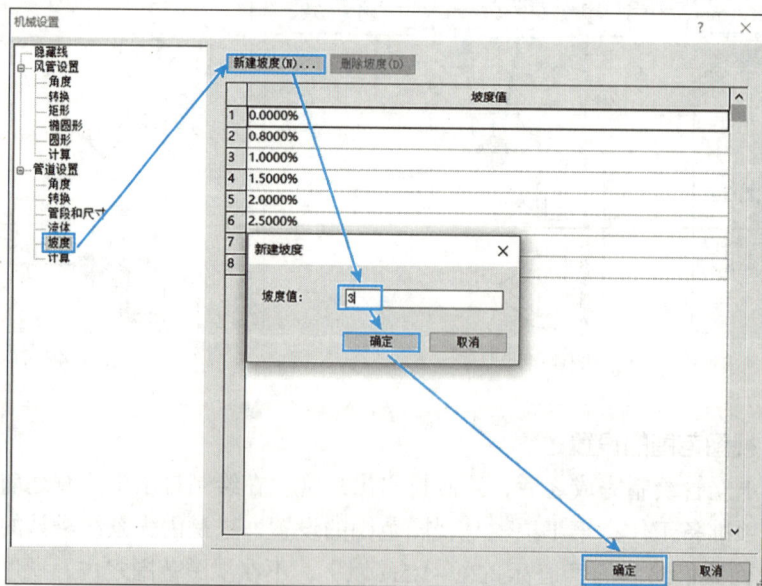

图 4-44

（3）点击【系统】选项卡→【卫浴和管道】选项面板→单击【管道】按钮（快捷键 "PI"）→【修改|放置 管道】选项卡→【带坡度管道】面板→选择【向下坡度】→ "坡度值" 选择 3%，如图 4-45 所示。

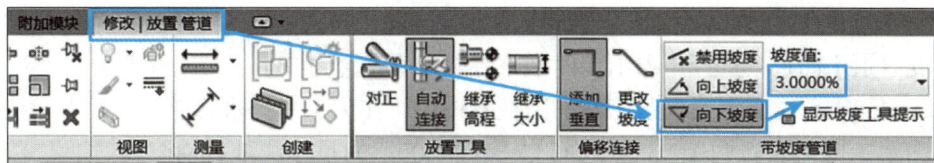

图 4-45

7. 排水出户管的绘制

排水出户管
的绘制

在完成"视图范围"的设置以及"管道坡度"的设置这两项准备工作之后，就可以进行水平管道的绘制了。首先完成排水出户管的绘制，具体操作方法和步骤如下：

（1）点击【系统】选项卡→【卫浴和管道】选项面板→单击【管道】按钮（快捷键"PI"）。

（2）在【选项栏】里，将直径设为 200mm，偏移量设为 –1500mm →【带坡度管道】面板中，选择【向下坡度】→将坡度值设置为 3%。

（3）单击排水立管中心，指定其为水平出户管的起点→向上穿过墙壁后向左转 90° →转向下，在适当位置单击鼠标左键结束绘制，如图 4-46 所示。

8. 排水出户管的定位

出户管定位的操作方法和步骤如下：

（1）单击【修改】选项卡→【测量】面板→【尺寸标注】按钮（快捷键"DI"）→选择东西向管道的中心线，捕捉外墙皮，进行尺寸标注。

（2）单击选中该管道→单击尺寸标注文本，将其修改为 1000，如图 4-47 所示。

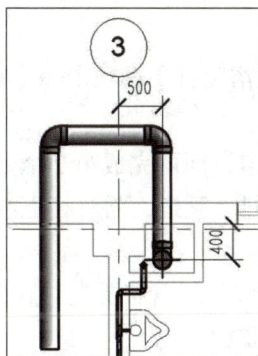

图 4-46

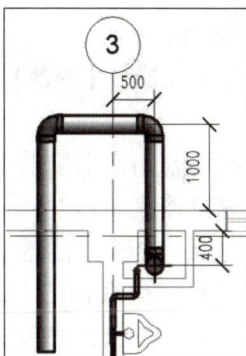

图 4-47

9. 女卫生间排水管道的绘制

女卫生间排水管道的绘制方法和步骤如下：

（1）点击【系统】选项卡→【卫浴和管道】选项面板→单击【管道】选项按钮（快捷键"PI"）。

（2）在【选项栏】里，将直径设为 100mm，偏移量设为 –500mm →【带坡度管道】面板→选择【向下坡度】→将坡度值设置为 3%。

（3）单击女卫生间最东端的坐便器中心，作为水平排水管道的起始点→按图示走向依次转两个 135° 弯向北→在"400"的尺寸线处转 90° 弯向西，将该管道与排水立管相连接，如图 4-48 所示。

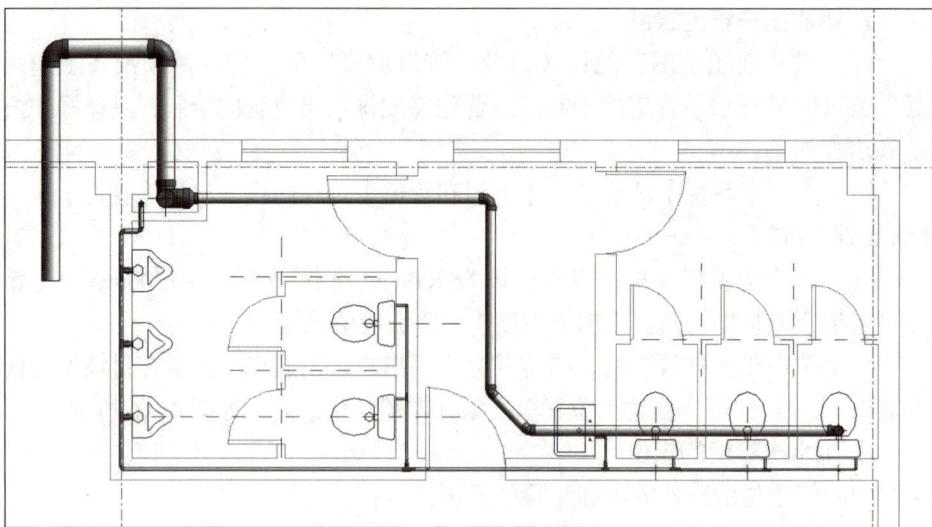

图 4-48

10. 女卫生间卫生器具连接

女卫生间排水管道连接的卫生器具包括 3 个坐便器和 1 个洗手盆。

第一个坐便器已经自动连接好。下面再来连接其余 2 个坐便器和洗手盆，具体操作方法和步骤如下：

（1）单击第 2 个坐便器→【修改|卫浴装置】选项卡→【布局】面板→【连接到】按钮。

（2）在坐便器附近点击水平排水管道，即可完成第 2 个坐便器的连接。

（3）单击选中第 2 个坐便器以后的排水管道，将管径更改为 125。

用同样的方法连接第 3 个坐便器。

洗手盆由于绘制的时候没有尺寸定位，所以需要先对其进行定位，将其与水平排水管道对齐，具体连接方法和步骤如下：

（1）将洗手盆与水平排水管道对齐→单击【修改】选项卡→单击【对齐】按钮（快捷键"AL"），如图 4-49 所示。

（2）单击选择目标位置，即水平排水管道的中心线→单击洗手盆中心线，即完成洗手盆与水平排水管线的中心对齐。

（3）单击选中洗手盆→【修改|卫浴装置】选项卡→【布局】面板→【连接到】按钮。

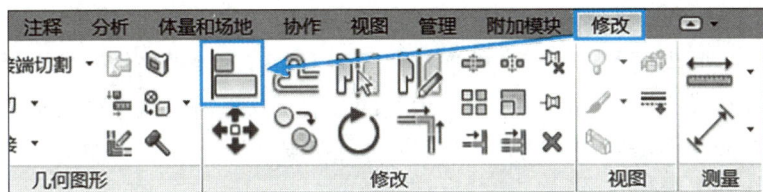

图 4-49

（4）在弹出的对话框中选择"连接件 3：卫生设备：圆形：50mm：出"→单击【确定】，如图 4-50 所示。

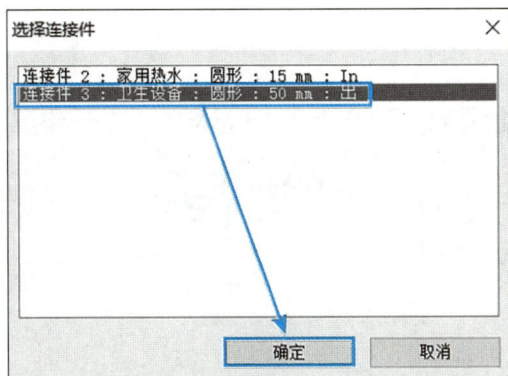

图 4-50

（5）在洗手盆附近的水平排水管道上单击，即可完成洗手盆的连接。

11. 女卫生间排水管径的调整

从真题卫生间排水系统图中可以看出，从女卫生间出来的水平排水管道，经洗手盆后管径由原来的 $DN100$ 增至 $DN125$，我们将洗手盆以后的所有水平管道以及弯头，管径调整为 $DN125$，如图 4-51 所示。

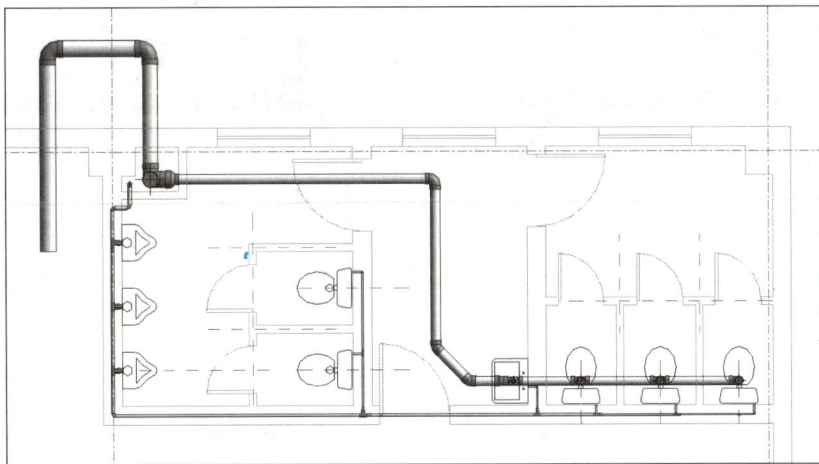

图 4-51

12. 男卫生间坐便器的连接

男卫生间坐便器排水管道的连接，因为不知道起始端坐便器的水平排水管道接入点标高，所以不能照搬女卫生间的方法。这里需要从已绘的水平排水管道反向画起，但需要注意的是，此时，水平管道的坡度应该为向上坡度。具体操作方法和步骤如下：

（1）点击【系统】选项卡→【卫浴和管道】选项面板→单击【管道】按钮（快捷键"PI"）。

（2）在【选项栏】里，将直径设为 125mm→【放置工具】面板→【继承高程】→【带坡度管道】面板→【向上坡度】→将坡度值设置为 3%，如图 4-52 所示。

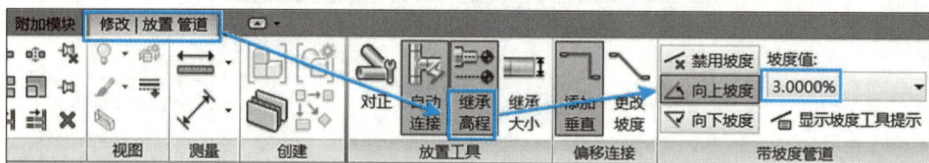

图 4-52

（3）在靠近北墙的东西向水平排水管道上适当位置的中心线处单击，确定管道起点→向右下方慢慢移动，当鼠标指针与男卫生间两个坐便器位于同一直线时，出现一条虚线→单击鼠标，确定管道的转弯点→向下连接至最下边的坐便器，如图 4-53 所示。

（4）单击选中男卫生间上边的那个坐便器→【布局】面板→【连接到】，将这个坐便器连接到水平管线上→将两个坐便器之间的水平管道管径改为 DN100，如图 4-54 所示。

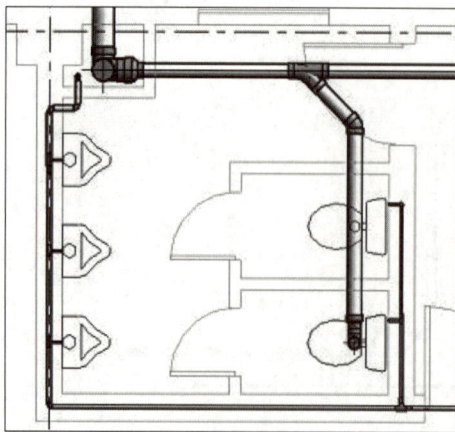

图 4-53

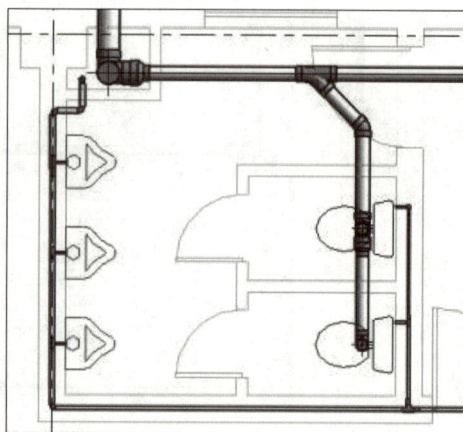

图 4-54

13. 小便器排水管道的绘制

小便器排水管道的绘制，同男卫生间坐便器绘制方法一样，也是需要从靠近北墙的东西向水平排水管道上反向往回画，具体操作方法和步骤如下：

（1）点击【系统】选项卡→【卫浴和管道】选项面板→单击【管道】按钮（快捷键 "PI"）。

（2）在【选项栏】里，将直径设为 80mm →【放置工具】面板→【继承高程】→【带坡度管道】面板→【向上坡度】→坡度值 3%，如图 4-52 所示。

（3）在靠近北墙的东西向水平排水管道上适当位置的中心线处单击，确定管道起点→向右下方慢慢移动，在适当位置单击鼠标，确定管道的转弯点→向下，当与最下边小便器对齐时，单击→将管径改为 50mm →向左转，超出小便器一段长度，单击鼠标左键结束。

（4）单击【继承高程】按钮→将鼠标放在刚画的管道上，当与最上边小便对齐时，该小便器高亮显示，此时单击鼠标左键→出小便器一段长度，单击鼠标左键结束。

（5）用同样的方法画出中间小便器的水平管线，如图 4-55 所示。

（6）对照图纸，调整各部分管道及管件的管径。图中 1 处 *DN*150、2 处 *DN*65、3 处 *DN*50，如图 4-56 所示。

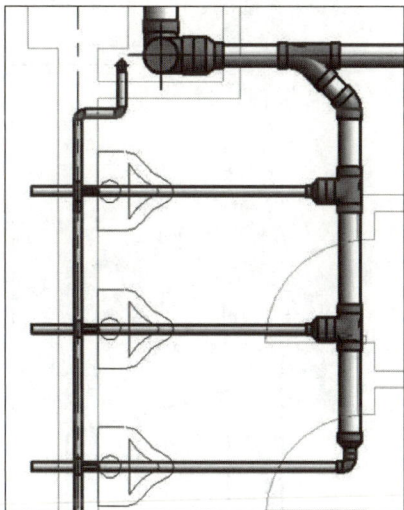
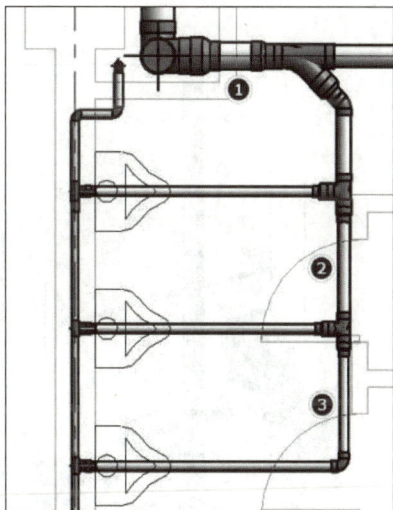

图 4-55　　　　　　　　　　　　　　　　图 4-56

14. 小便器的连接

小便器的连接方法和步骤如下：

（1）单击选中上面第 1 个小便器，单击【布局】面板中的【连接到】按钮，再单击该小便器附近的水平管线，将这个坐便器连接到水平管线上。

（2）鼠标左键单击小便器左侧多余的一段管线，按【Delete】键删除。

（3）鼠标左键单击选中三通，点击左侧的"–"号，将三通降级为弯头。如果在平面视图操作不方便，可以转到三维视图去操作。

（4）用同样的方法连接另外两个小便器。

至此，卫生间排水管道就全部绘制完成了，其给水排水平面图和三维视图分别如图 4-57 和图 4-58 所示。

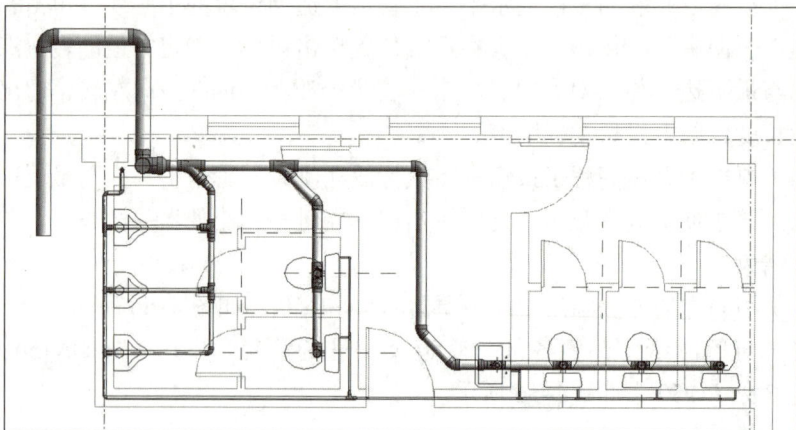

图 4-57

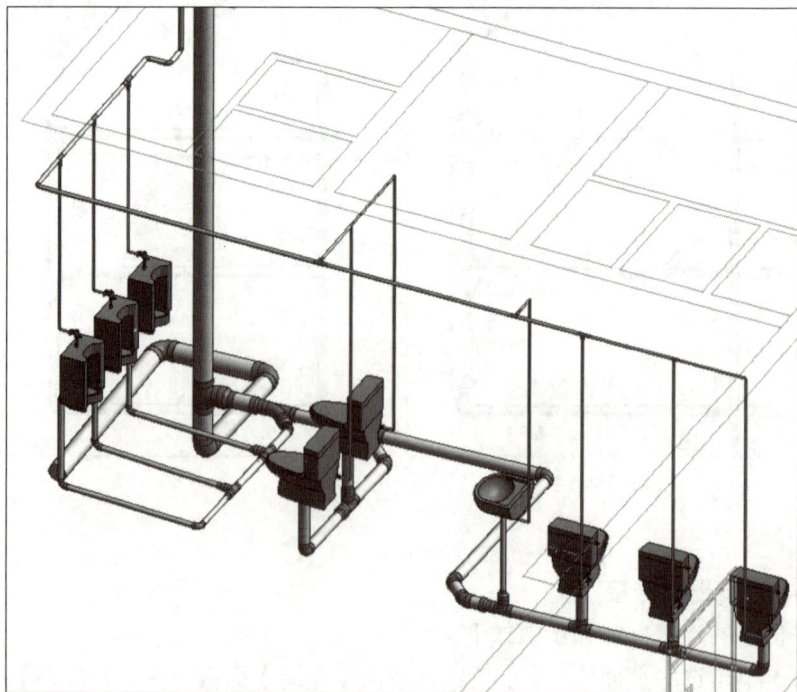

图 4-58

【随堂习题】

1.（单选题）关于排水立管的绘制，以下说法正确的是（　　　）。

A.可以先绘制再进行平面定位，不可以直接按平面正确位置定位绘制

B.可以直接按平面正确位置定位绘制，不可以先绘制再进行平面定位

C.可以先绘制再进行平面定位，也可以直接按平面正确位置定位绘制

D.大体位置正确即可，无需精确定位

2.（多选题）排水出户管等水平管道绘制之前，需要做的准备工作有（　　　）。

A.管道水力粗糙度的设置

B.视图范围的设置

C.管道坡度的设置

D.无需做准备，直接绘制即可

3.（判断题）排水立管的绘制只能在立面视图中完成。（　　　）

单元 5　消防系统创建

真题题目第 4 条要求：创建视图名称为"消火栓平面图"，并根据"消火栓平面图"创建消火栓模型，消火栓管道中心对齐，消火栓管道中心标高 3.3m；消火栓箱采用室内组合消火栓箱，尺寸为 700mm×1600mm×240mm（宽度 × 高度 × 厚度），放置高度自定义。

我们将按照"消火栓箱绘制→消防管道绘制→消防闸阀绘制"的顺序，来完成这个题目的要求。

消防系统绘制内容，主要依据消火栓平面图。从消火栓平面图中我们可以看出，消火栓系统干管的管径是 DN100，从北侧轴线①、②之间的位置进入室内，在室内形成一个封闭环线。在进入室内之前以及在成环分支处各有一个闸阀。在北墙、东墙各有一个消火栓箱，南墙有 2 个消火栓箱。从环形干管连接到消火栓箱的支管直径为 DN65。4 个消火栓箱中，除了西南角的 1 个是左侧接入外，其余 3 个都是右侧接入。共有 7 个闸阀，其中，进户管上 1 个，管径 DN100；环状干管分支处各 1 个，管径也是 DN100；连接每个消火栓箱的支管上各有 1 个，管径 DN65，如图 5-1 所示。

消防系统图
识读

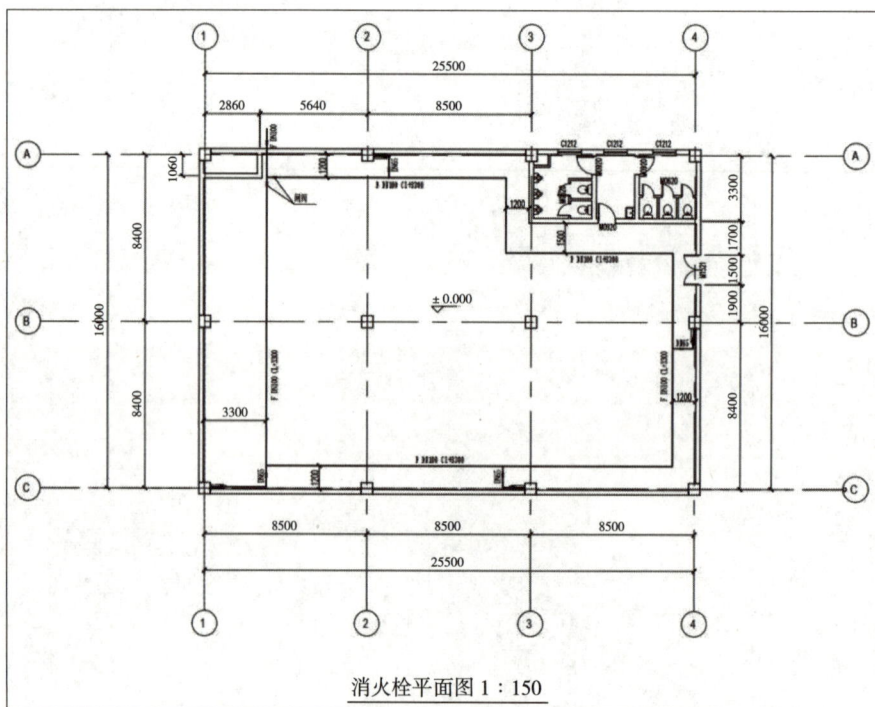

消火栓平面图 1：150

图 5-1

任务 5.1　消火栓箱的绘制

真题中，针对消火栓箱的要求是：消火栓箱采用室内组合消火栓箱，尺寸为 700mm × 1600mm × 240mm（宽度 × 高度 × 厚度），放置高度自定义。

消火栓的绘制方法和步骤如下：

（1）点击【系统】选项卡→【机械】选项面板→【机械设备】按钮，如图 5-2 所示。

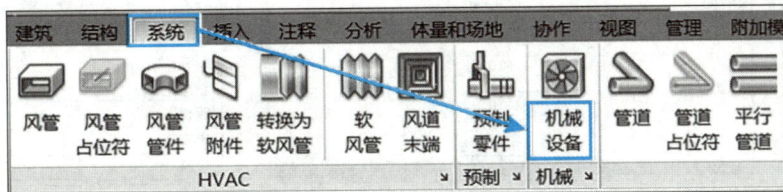

图 5-2

（2）【属性】面板→单击图标，弹出下拉菜单→找到"室内组合消火栓箱 – 单栓 – 侧面进水接口带卷盘"下面的"类型 A– 右 –65mm"，如图 5-3 所示。

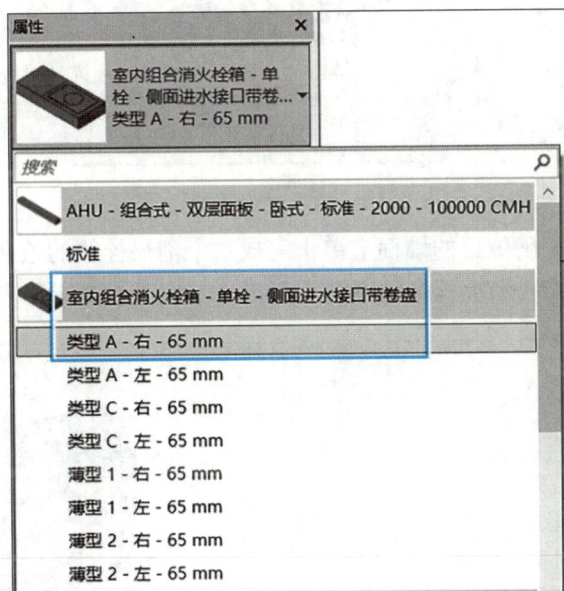

图 5-3

（3）【属性】面板→【编辑类型】→弹出【类型属性】对话框→检查尺寸，系统默认尺寸恰好符合题目要求，无需修改，如图 5-4 所示。

（4）【属性】面板→【尺寸标注】→设为"明装"→回车确定，如图 5-5 所示。

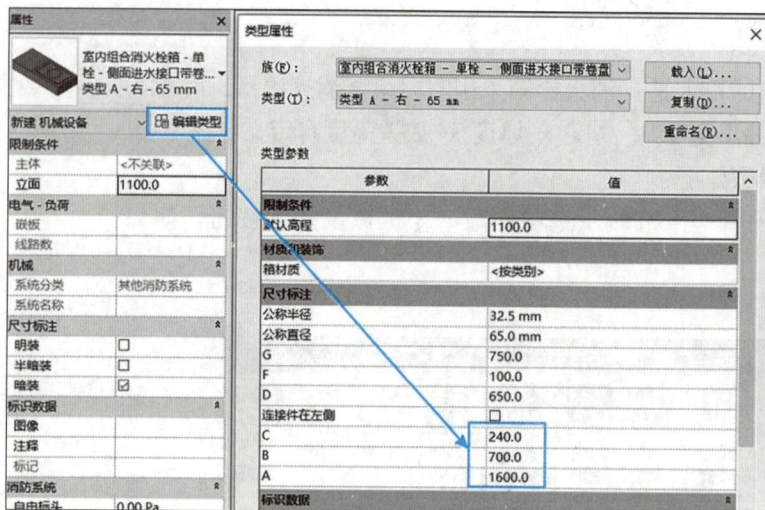

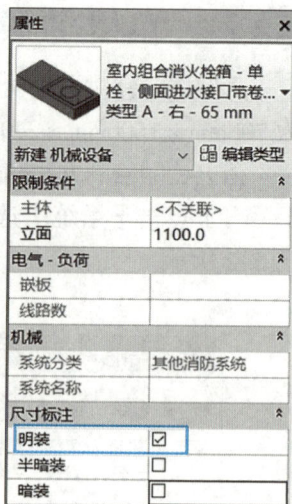

图 5-4   图 5-5

（5）【修改 | 放置 机械设备】选项卡→【放置】选项面板→单击【放置在垂直面上】，如图 5-6 所示。

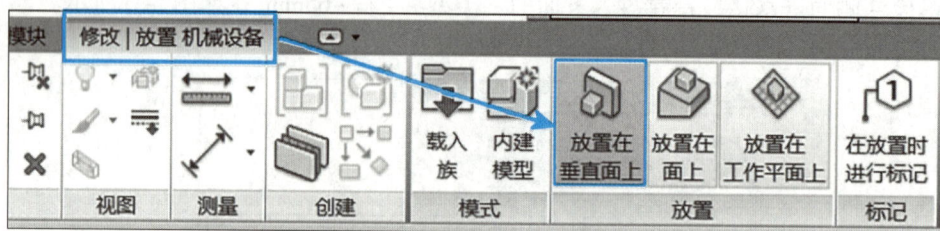

图 5-6

（6）在图上正确位置的墙面上单击完成 1 个消火栓箱的绘制，如图 5-7 所示。到三维视图检查消火栓箱的方向是否正确，如图 5-8 所示。

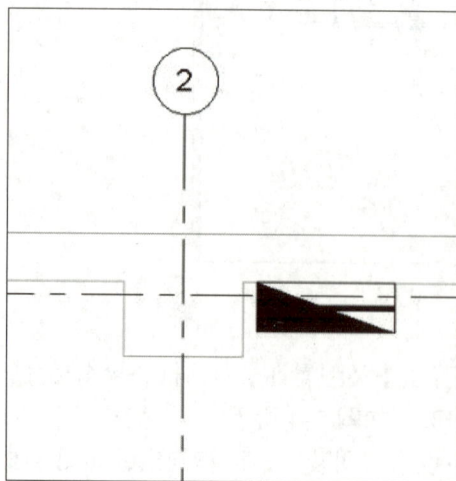

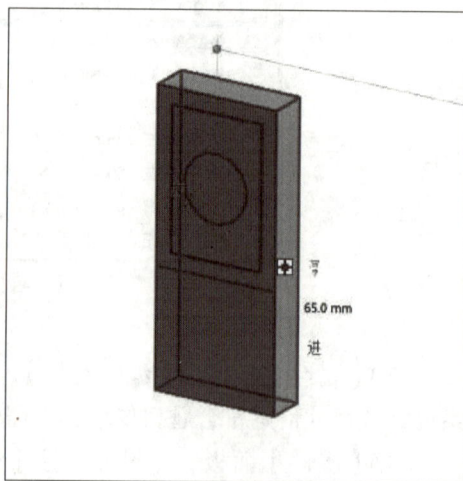

图 5-7   图 5-8

（7）用同样的方法完成东墙和南墙 3 轴附近的消火栓箱。

（8）西南角的消火栓箱与前 3 个不同，它是左侧接入，所以选择"类型 A–右 –65mm"，其余绘制方法和步骤相同。

【随堂习题】

1.（单选题）关于消火栓的安装形式，以下不正确的是（　　　）。

A. 明装　　　　　　　　　　　B. 1/3 暗装

C. 半暗装　　　　　　　　　　D. 暗装

2.（多选题）关于消火栓箱的绘制，以下说法正确的有（　　　）。

A. 应该根据题目要求选择明装或暗装

B. 应该根据题目要求选择左侧接入或右侧接入

C. 应该根据题目要求选择合适的接口管径

D. 应该根据自己的喜好选择消火栓箱

3.（判断题）消火栓箱的绘制，应选择"放置在垂直面上"。（　　　）

任务 5.2　消防管道的绘制

1. 消防干管的绘制

消防干管的绘制方法和步骤如下：

（1）点击【系统】选项卡→【卫浴和管道】选项面板→单击【管道】按钮。此步操作的快捷键是"PI"。

（2）【属性】选项面板→单击【编辑类型】，弹出【类型属性】对话框→在"类型"里选择"给水管道"→单击【复制】按钮→在弹出的对话框架中输入"消防管道"→单击【确定】按钮，如图 5-9 所示。

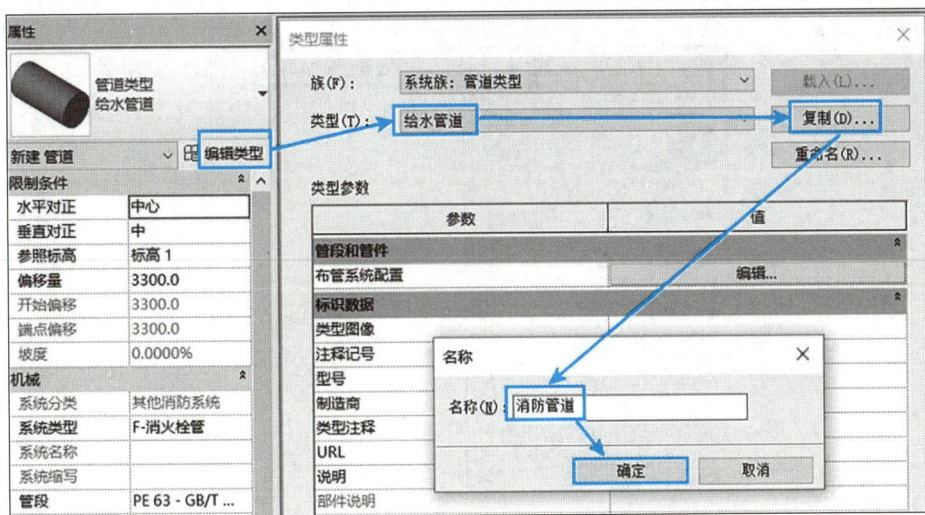

图 5-9

（3）【类型属性】对话框→点击"布管系统配置"后的【编辑】按钮→弹出【布管系统配置】对话框→选定一种合适的管材，管径最小尺寸65mm，最大尺寸100mm→单击【确定】按钮→再次单击【确定】按钮，如图5-10所示。

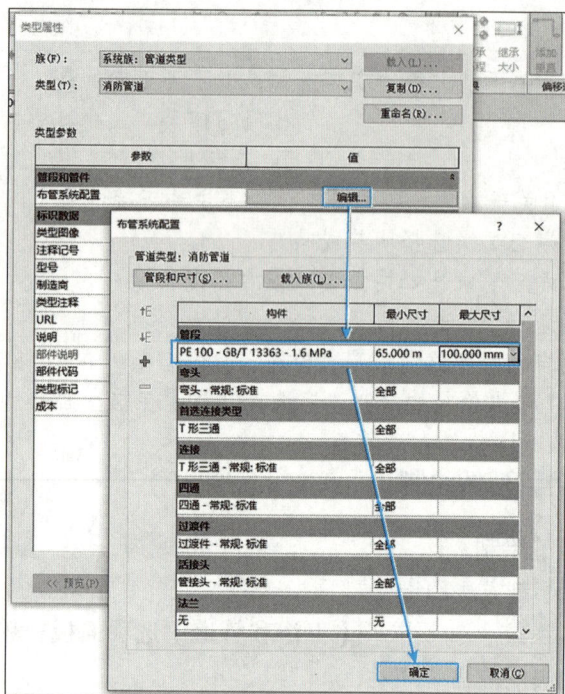

图 5-10

（4）【选项栏】→直径改为"100.0mm"→偏移量改为"3300.0mm"→【属性】面板→水平对正选择"中心"，垂直对正选择"中"，系统类型选择"F-消火栓管"，如图5-11所示。

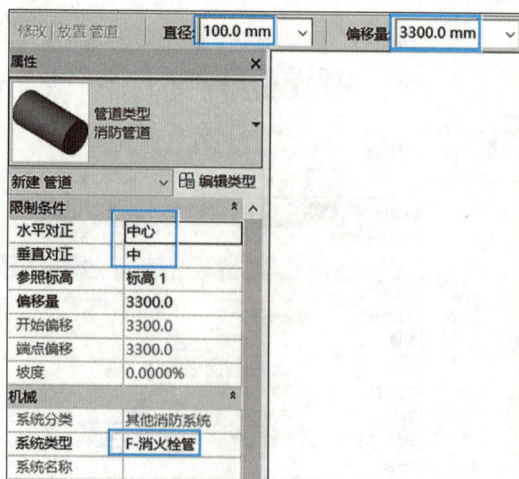

图 5-11

（5）沿消防干管的大致位置进行绘制，然后标注，再精准定位，如图 5-12 所示。

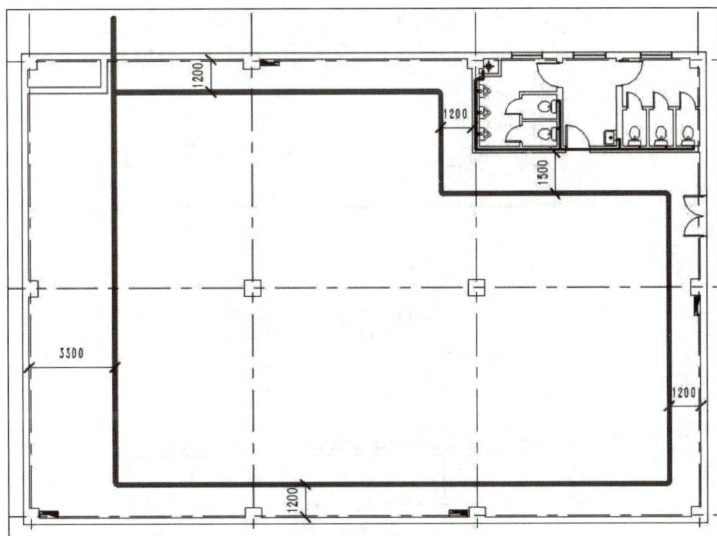

图 5-12

2. 消防支管的绘制

消防支管的绘制方法和步骤如下：

（1）点击【系统】选项卡→【卫浴和管道】选项面板→单击【管道】按钮。此步操作的快捷键是"PI"。

（2）【选项栏】→直径改为"65.0mm"，如图 5-13 所示。

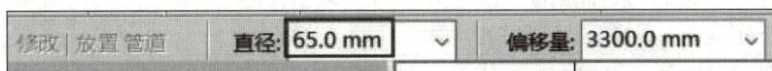

图 5-13

（3）以最上方北墙上的消火栓箱为例。在消防干管上适当位置单击→鼠标向上移动→当消火栓箱高亮显示时，表示管道端点和消火栓箱对正，单击鼠标完成水平支管的绘制，如图 5-14 所示。

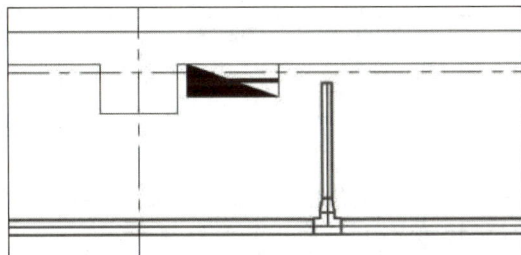

图 5-14

（4）单击选中消火栓箱→【修改 | 机械设备】→【连接到】→点击消防支管，完成第 1 个消火栓箱的连接，如图 5-15 所示。

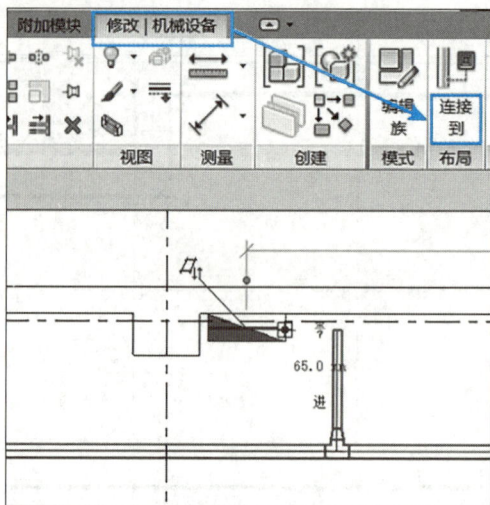

图 5-15

（5）用类似的方法完成东墙和南墙轴线③附近的两个消火栓箱的连接。

（6）在消防干管环线西南拐角处的弯头上单击选中→点击南侧方向的"+"号，将弯头升级为三通→【系统】选项卡→【卫浴和管道】选项面板→单击【管道】按钮→管径 65mm，偏移量 3300mm →从三通接口开始向下移动鼠标→消火栓高亮显示时，单击→向左转，至消火栓箱附近单击，结束管道的绘制。

（7）单击选中消火栓箱→【修改 | 机械设备】→【连接到】→点击附近的消防支管，完成消火栓箱的连接，如图 5-16 所示。

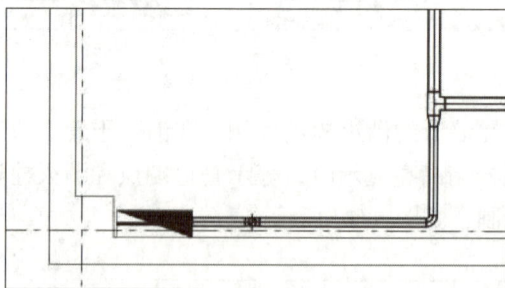

图 5-16

【随堂习题】

1.（单选题）关于消防管道的绘制，以下说法正确的是（　　）。

A. 消防管道的绘制，只包括消防干管的绘制

B. 消防管道的绘制，只包括消防支管的绘制

C. 消防管道的绘制，既包括消防干管的绘制，也包括消防支管的绘制

D. 消防管道的绘制，既包括消防干管和支管的绘制，也包括消防闸阀的绘制

2.（多选题）绘制消防管道时，以下正确的有（　　）。

A. 根据题目要求选用合适的管材

B. 根据题目要求选用最大管径和最小管径

C. 系统类型应改为"F-消火栓管"

D. 管径必须预先设置正确，绘制后不能修改

3.（判断题）在绘制消防管道时，水平对正选择"中心"，垂直对正选择"中"。（　　）

任务 5.3　消防闸阀的绘制

真题图中共有 7 个闸阀，其中，进户管上 1 个，DN100；环状干管分支处各 1 个，也是 DN100；连接每个消火栓箱的支管上各有 1 个，DN65。

消火栓闸阀的绘制方法和步骤如下：

（1）点击【系统】选项卡→【卫浴和管道】选项面板→单击【管路附件】按钮，如图 5-17 所示。

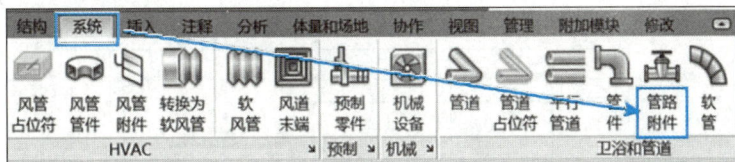

图 5-17

（2）【属性】面板→单击管件图标→在下拉菜单中选择"Z41T-10-100mm"，如图 5-18 所示。

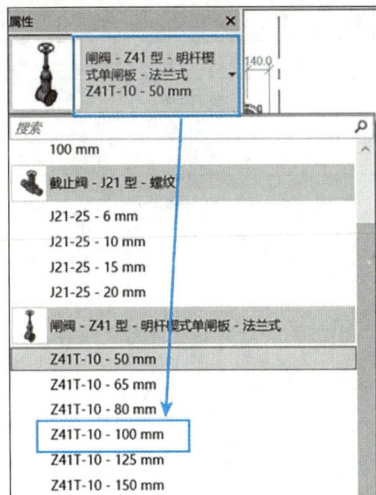

图 5-18

（3）在图上相应位置的管道上放置闸阀，完成绘制，如图 5-19 所示。

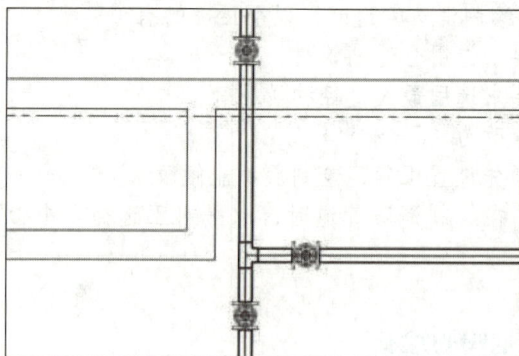

图 5-19

（4）【属性】面板→单击管件图标→在下拉菜单中选择"Z41T-65mm"，用同样的方法完成支管 4 个闸阀的绘制。

至此，消防系统就全部绘制完成了，其平面图和三维视图分别如图 5-20 和图 5-21 所示。

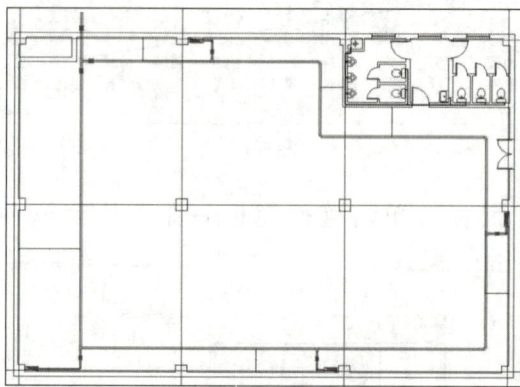

图 5-20

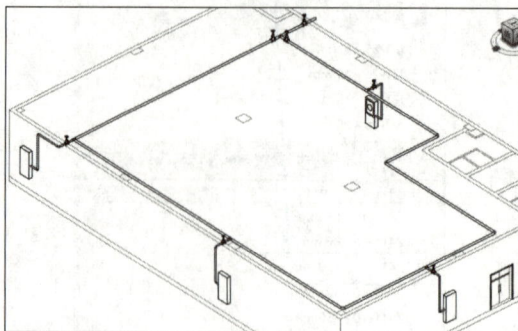

图 5-21

【随堂习题】

1.（单选题）关于消防闸阀的绘制方法和步骤，以下说法正确的是（　　）。

A.点击【系统】选项卡→【卫浴和管道】选项面板→单击【管道】按钮

B.点击【系统】选项卡→【卫浴和管道】选项面板→单击【管路附件】按钮

C.点击【系统】选项卡→【卫浴和管道】选项面板→单击【管件】按钮

D.点击【系统】选项卡→【卫浴和管道】选项面板→单击【软管】按钮

2.（多选题）关于消防闸阀的绘制，正确的有（　　）。

A.消防闸阀的直径必须与管道管径一致

B.消防闸阀的直径可以与管道管径不一致

C.消防闸阀必须采用明杆式

D.消防闸阀可以采用明杆式，也可以采用暗杆式

3.（判断题）消防管道干管上必须设置闸阀，支管上可以不设闸阀。（　　）

单元 6　暖通空调系统创建

暖通风系统
图识读

真题题目第 3 条要求：创建视图名称为"暖通风平面图"，并根据"暖通风平面图"创建暖通风模型，风管底部对齐，风管底高度 2.8m，风口为单层百叶风口。

我们将按照"暖通风干管绘制→暖通风支管绘制→风口绘制→排烟阀绘制"的顺序，来完成这个题目的要求。

暖通风系统绘制内容，主要依据暖通风平面图。从暖通风平面图中我们可以看出，风管主干管尺寸为 2000mm×400mm，从左上角管道井开始，向下至轴线Ⓑ附近右转，至轴线②和轴线③之间，通过四通管件分出支管。其中，上下支管尺寸为 800mm×400mm；右侧支管尺寸为 1250mm×400mm，向右延伸，再通过三通分为上下两支，两分支的尺寸也为 800mm×400mm。风管主干管穿出管道井后设置排烟阀 1 个，在风管干管上以及支管末端分别设有风口，风口形式为单层百叶风口，尺寸为 400mm×400mm。所有风管底高度均为 2.8m，如图 6-1 所示。

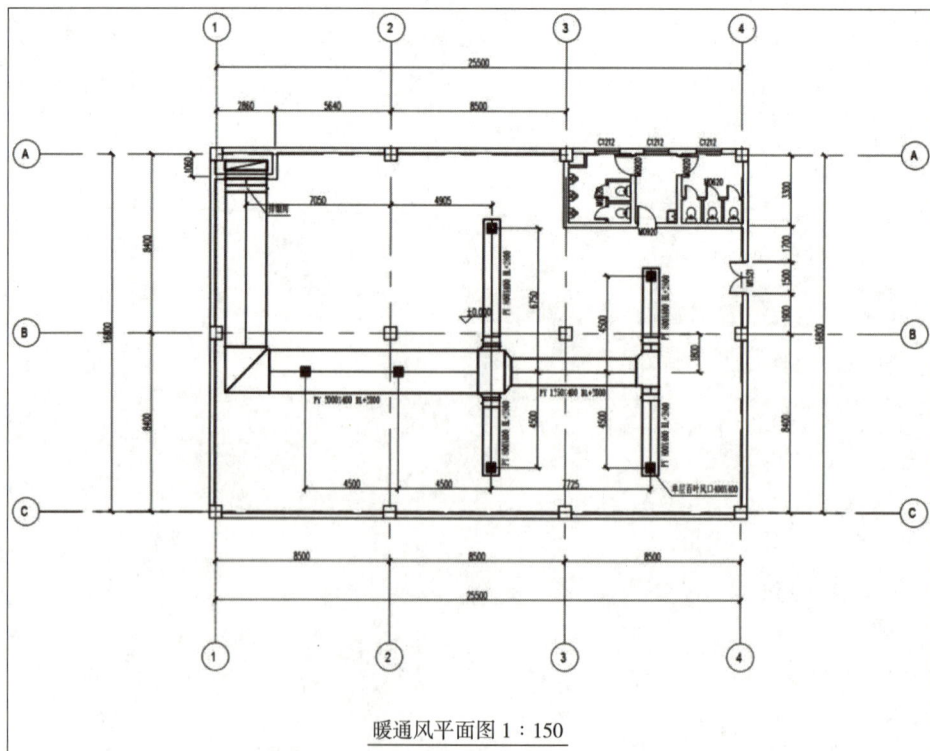

暖通风平面图 1：150

图 6-1

任务 6.1　暖通风系统规程设置

前面已经专门讲过规程的设置，但是，在此我们需要重新设置暖通风系统规程，否则，可能会出现绘制的图形在平面视图中不可见的问题。

1. 暖通风系统规程设置

暖通风系统规程设置方法和步骤如下：

（1）【项目浏览器】面板→打开"暖通"视图下级菜单→在"1- 机械"上右键单击→复制视图→带细节复制→在新复制出来的视图上右键单击→重命名为"暖通风平面图"，如图 6-2 所示。

（2）选中"暖通风平面图"，【属性】面板→子规程改为"02- 暖通风"，如图 6-3 所示。

2. 暖通风管道系统的创建

暖风管道系统创建的方法和步骤如下：

（1）在【项目浏览器】面板中，点击"族"前面的"+"号，打开子菜单→"风管系统"→打开子目录至最里层，选择比较相近的"排风"→单击鼠标右键→选择"复制"，得到一个新的风管系统"排风 2"。

（2）在新复制出的风管系统"排风 2"上再单击鼠标右键→在悬挂菜单中选择"重命名"，按要求输入新的名称"PY- 排烟管"，如图 6-4 所示。

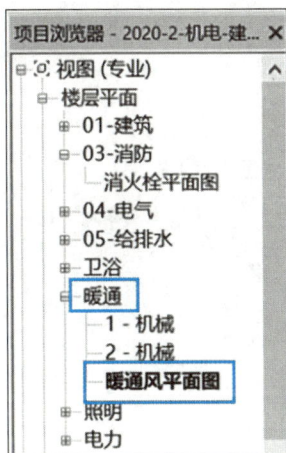

图 6-2

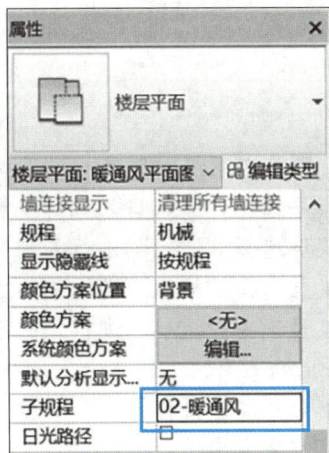

图 6-3

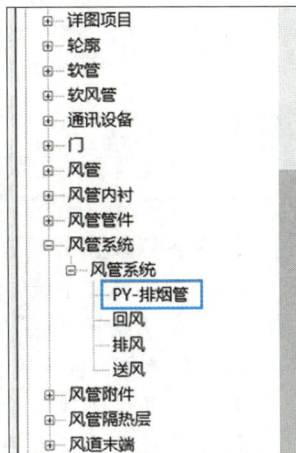

图 6-4

3. 暖通风管道系统颜色设置

暖通风管道系统颜色设置方法如下：

在【项目浏览器】面板中我们刚刚建立的风管系统上单击鼠标左键选中"PY- 排烟管"→再单击一次，打开【类型属性】对话框→单击"图形替换"后面的【编辑】按钮，弹出【线图形】对话框→在"颜色"栏中单击，弹出

【颜色】对话框→根据题目要求修改颜色编号"255，0，255"→连续点击【确定】按钮，如图 6-5 所示。

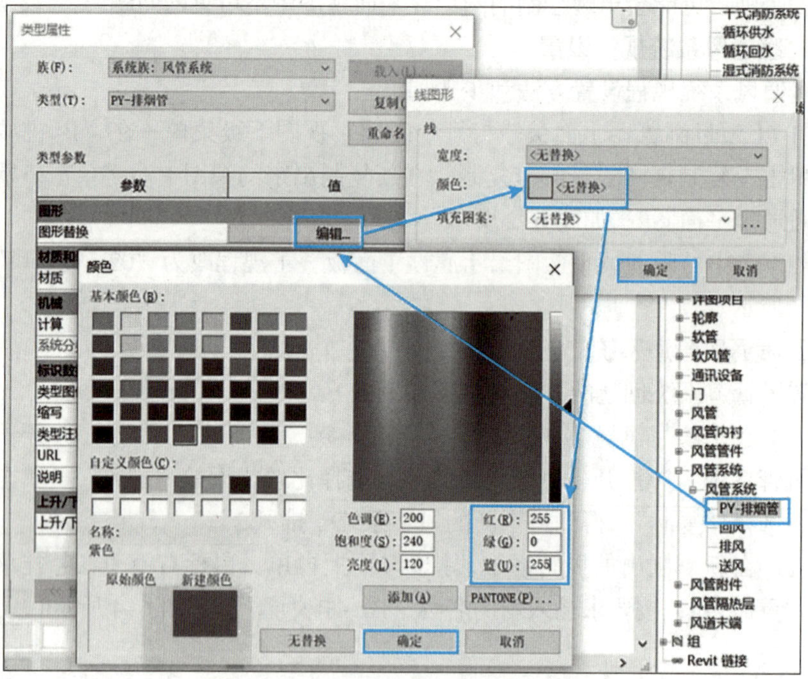

图 6-5

【随堂习题】

1.（单选题）关于暖通风管道系统的创建，以下说法正确的是（　　　）。
A.应在"管道系统"族里选择"通风口"进行复制
B.应在"风管系统"族里选择"回风"进行复制
C.应在"风管系统"族里选择"排风"进行复制
D.应在"风管系统"族里选择"送风"进行复制
2.（多选题）以下说法正确的有（　　　）。
A.风管高度通常以管中心高度进行标记
B.单层百叶风口是风口的常用形式之一
C.暖通风系统规程的设置应在【项目浏览器】和【属性】面板中完成
D.暖通风管道系统颜色设置应根据题目要求进行
3.（判断题）常用的通风系统管道为圆形断面。（　　　）

任务 6.2　暖通风管道的绘制

1.暖通风干管的绘制

暖通风干管绘制方法和步骤如下：

（1）【系统】选项卡→【HVAC】选项面板→单击【风管】按钮，如图 6-6 所示。

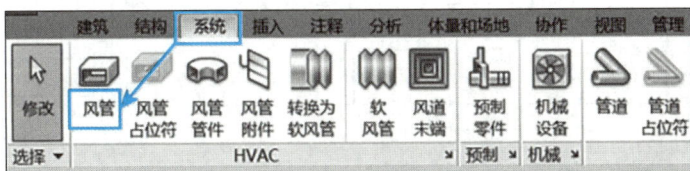

图 6-6

（2）在【属性】面板中，将系统类型改为"PY-排烟管"→【属性】面板→垂直对正选择"底"→偏移量改为"2800.0"，如图 6-7 所示。

图 6-7

（3）【选项栏】→宽度设为"2000"，高度设为"400"→偏移量设为"2800.0mm"，如图 6-8 所示。

图 6-8

（4）指定风管干管的起点→指定风管干管的转弯点→指定风管的结束点，如图 6-9 所示。

（5）重新运行风管绘制命令→指定风管干管的起点→【选项卡】中修改偏移量为"3500.0mm"→点击【应用】，如图 6-10 所示。

2. 暖通风干管的定位

暖通风干管定位的操作方法如下：

对其进行尺寸标注→选中风管，修改尺寸文本为正确数值，如图 6-11 所示。

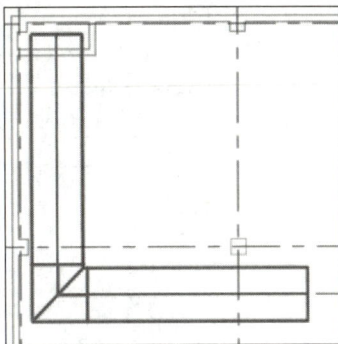

图 6-9

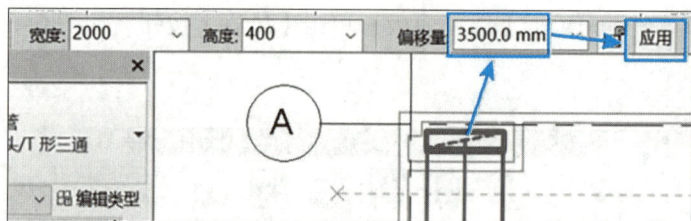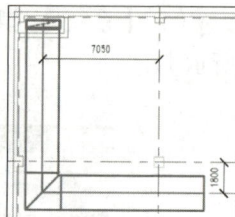

图 6-10   图 6-11

3. 暖通风支管的绘制

（1）【插入】选项卡→【从库中载入】面板→【载入族】按钮，如图 6-12 所示。

（2）文件路径：机电→风管管件→矩形→四通→选择"矩形四通 - 过渡件 - 底对齐 - 法兰"→【打开】→【系统】选项卡→【HVAC】选项面板→【风管管件】按钮→指定轴线上适当位置单击，如图 6-13 所示。

图 6-12

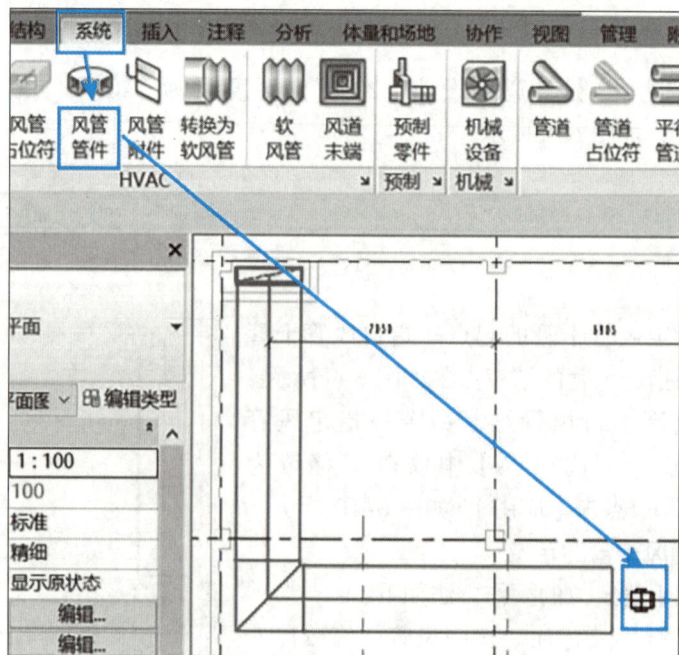

图 6-13

（3）单击选中四通→单击左侧第 1 个数，改为 "2000"，单击左侧第 2 个数，改为 "400"→单击左侧第 1 个数，改为 "2000"，单击左侧第 2 个数，改为 "400"→单击右侧第 1 个数，改为 "1250"，单击左侧第 2 个数，改为 "400"→单击上边第 1 个数，改为 "800"，单击上边第 2 个数，改为 "400"→单击下边第 1 个数，改为 "800"，单击下边第 2 个数，改为 "400"，如图 6-14 所示。

（4）单击选中四通，在【属性】面板或【选项栏】中，将其偏移量改为 "2800"→选中风管干管端点，拖拽到四通，使之自动连接，如图 6-15 所示。

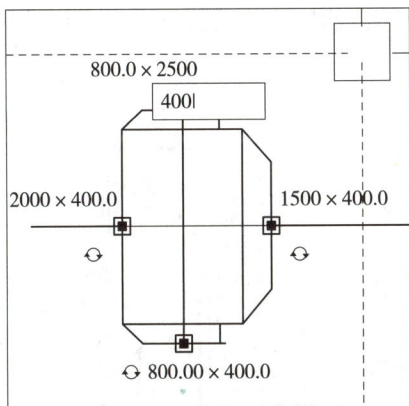
图 6-14

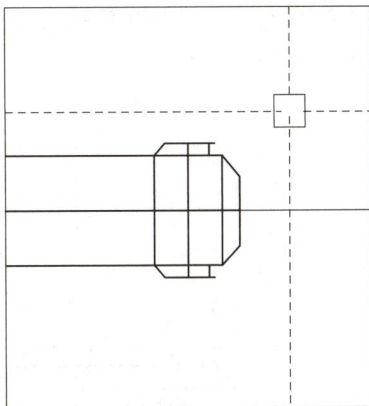
图 6-15

（5）【系统】选项卡→【HVAC】选项面板→【风管】按钮→【选项栏】中宽度改为 "1250"，偏移量改为 "2800"→点击四通右端点→向右移动一段距离后，点击确认风管终点→再把宽度改为 "800"→在四通上下各画一段风管，如图 6-16 所示。

（6）【系统】选项卡→【HVAC】选项面板→【风管】按钮→点击选中水平风管右端端点→鼠标上移，到适当位置单击，绘制出一段风管并自动生成弯头管件，如图 6-17 所示。

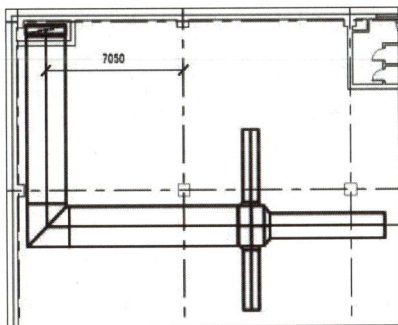
图 6-16

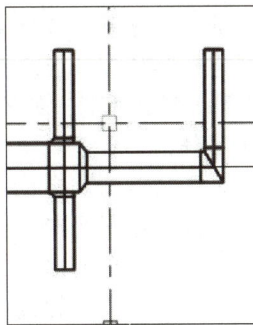
图 6-17

（7）单击选中风管弯头→点击下方的"+"号，将弯头升级为三通→【系统】选项卡→【HVAC】选项面板→【风管】按钮→点击选中三通下端端点→鼠标下移，到适当位置单击，绘制出一段风管，如图6-18所示。

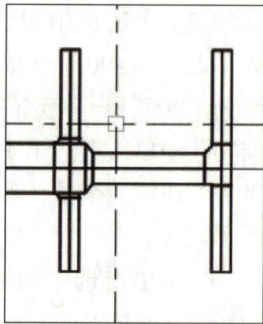

图6-18

4. 暖通风支管的定位

暖通风支管定位的方法和步骤如下：

（1）在风管干管上风口的大概位置绘制两个参照平面（快捷键"RP"）。

（2）按真题原图进行相应的尺寸标注，然后再修改尺寸，完成风管支管的定位，如图6-19所示。

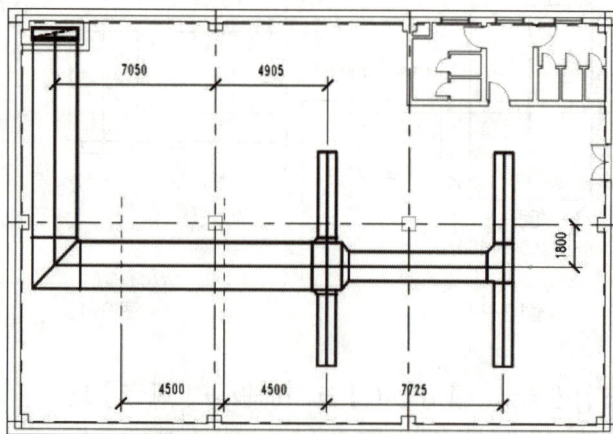

图6-19

【随堂习题】

1.（单选题）关于暖通风管道的绘制，以下说法正确的是（   ）。

A. 暖通风管道的绘制，应选择【卫浴和管道】选项面板中的【管道】按钮

B. 暖通风管道的绘制，应选择【暖通空调】选项面板中的【管道】按钮

C. 暖通风管道的绘制，应选择【HVAC】选项面板中的【管道】按钮

D. 暖通风管道的绘制，应选择【HVAC】选项面板中的【风管】按钮

2.（多选题）暖通风管道的绘制，包括（   ）。

A. 暖通风系统的设置

B. 暖通风干管的绘制及定位

C. 暖通风支管的绘制及定位

D. 暖通风管件的绘制及定位

3.（判断题）在暖通风管道的绘制时，应将系统类型改为"PY-排烟管"。

（   ）

任务 6.3　暖通风管道附件的绘制

1. 暖通风风口的绘制

暖通风风口绘制的方法和步骤如下：

（1）【系统】选项卡→【HVAC】面板→【风道末端】按钮，如图 6-20 所示。

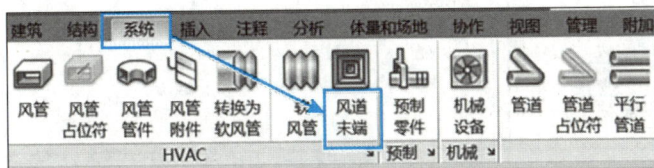

图 6-20

（2）【属性】面板→在图标上单击，弹出下拉菜单→选择"单层百叶风口 400×400"下面的"标准"，如图 6-21 所示。

（3）【属性】面板→点击【编辑类型】按钮，弹出【类型属性】对话框→将宽度和高度都设置为"400"→【确定】，如图 6-22 所示。

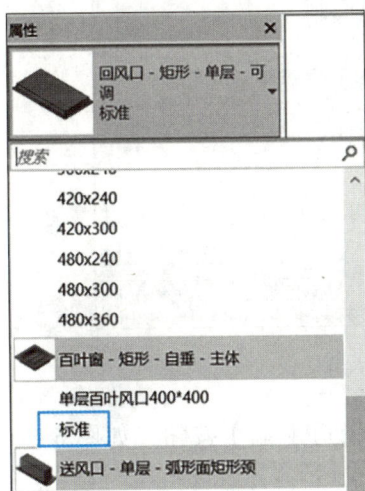

图 6-21

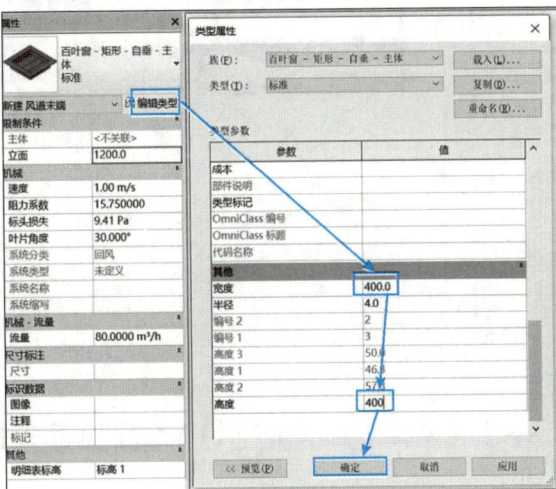

图 6-22

（4）【项目浏览器】→【立面】→【暖通】→"南 – 机械"，进入立面图，如图 6-23 所示。

（5）【系统】选项卡→【工作平面】选项面板→点击【设置】按键，弹出【工作平面】对话框→选择"拾取一个平面"→【确定】，如图 6-24 所示。

（6）拾取风道底部，弹出【转到视图】对话框→选择【楼层平面：暖通风平面图】→【打开视图】，如图 6-25 所示。

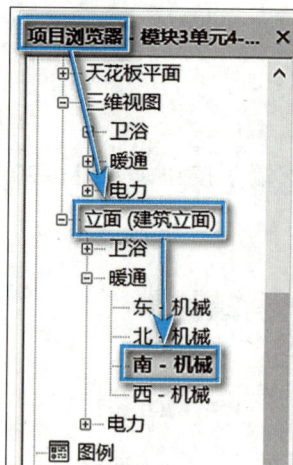

图 6-23

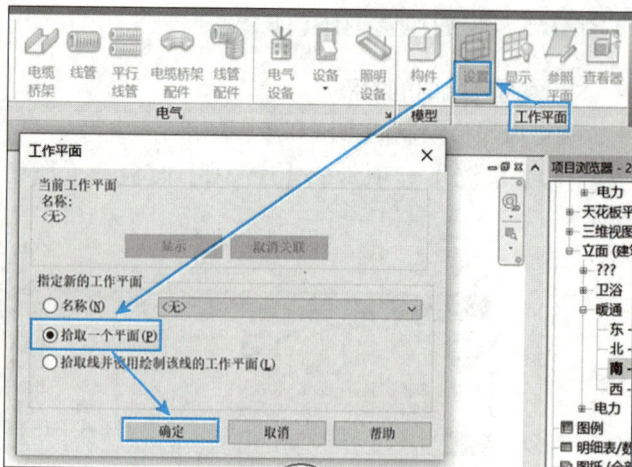

图 6-24

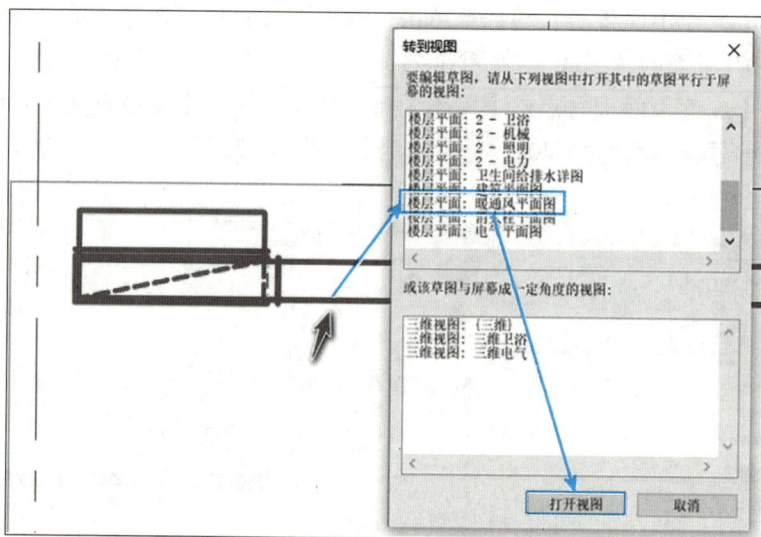

图 6-25

（7）【系统】选项卡→【HVAC】面板→【风道末端】按钮，如图 6-20
所示。

（8）【修改｜放置风道末端装置】选项卡→【放置】面板→【放置在工作
平面上】，如图 6-26 所示。

图 6-26

（9）在正确位置单击绘制风口，如图 6-27 所示。

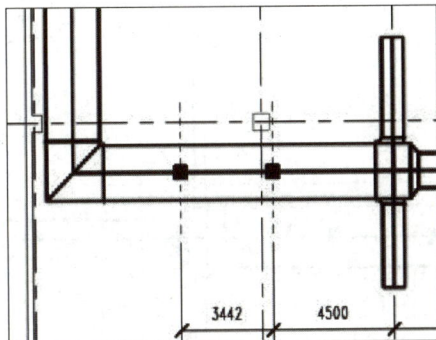

图 6-27

（10）用同样的方法绘制其余几个风口，如图 6-28 所示。

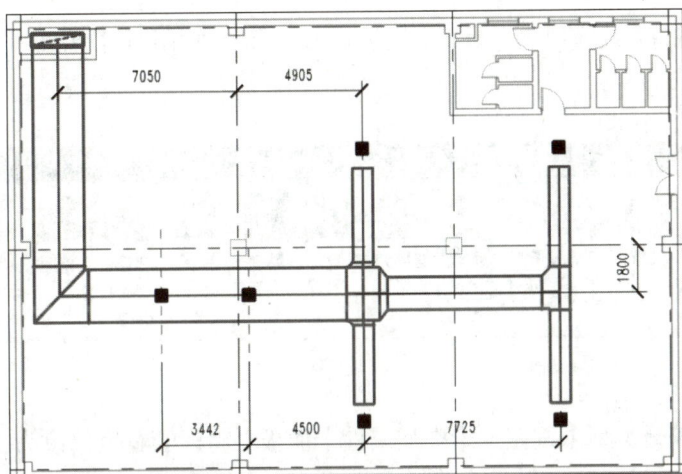

图 6-28

2. 暖通风风口的定位

共 6 个风口，干管上的 2 个已经完成定位，其余 4 个东西方向的位置已经确定，只需确定南北方向的位置。

暖通风风口定位的方法和步骤如下：

（1）对照真题原图，将这 4 个风口与风管干管中心线进行尺寸标注→选中风口→将尺寸文本改为正确数值。

（2）拉伸风管管道支管，使其长度适合，完成风口的定位，如图 6-29 所示。

3. 暖通风排烟阀的绘制

暖通风排烟阀绘制的方法和步骤如下：

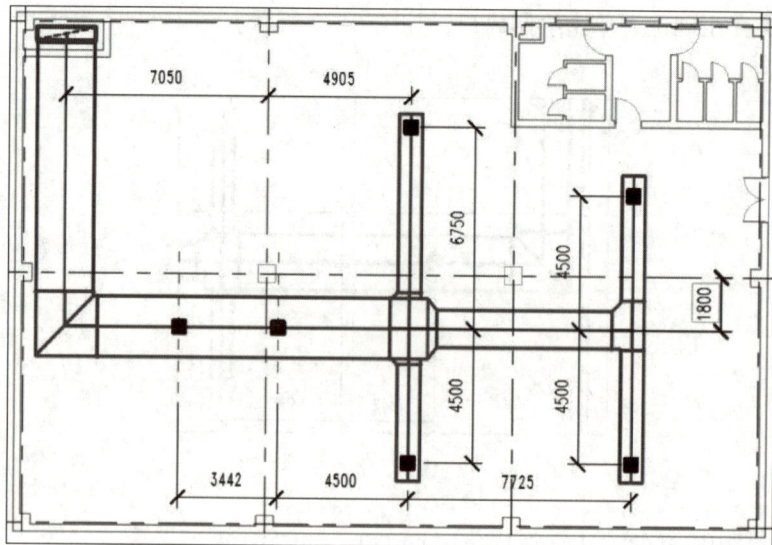

图 6-29

（1）【系统】选项卡→【HVAC】面板→【风管附件】按钮，如图 6-30 所示。

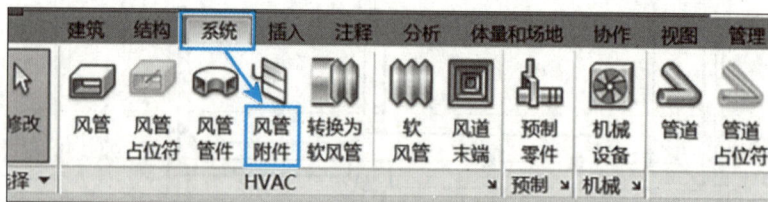

图 6-30

（2）【编辑类型】按钮→【类型属性】面板→将风管宽度修改为"2000.0"，风管高度修改为"400.0"→【确定】，如图 6-31 所示。

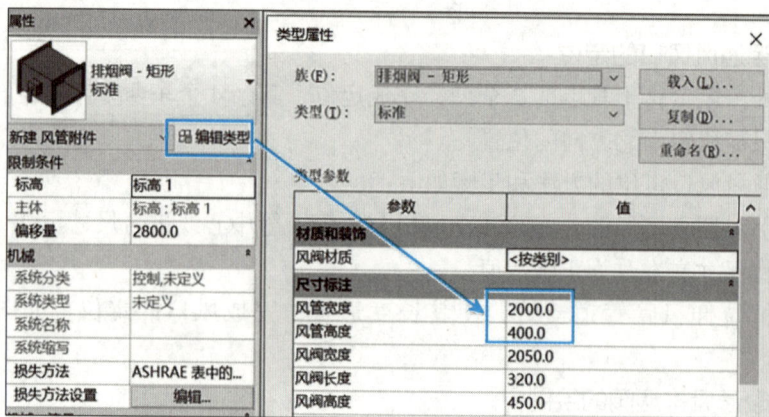

图 6-31

（3）【选项栏】→偏移量设置为"2800.0"→勾选"放置后旋转"→在放置排烟阀的位置单击→旋转方向→单击完成绘制→用上下方向键调整到合适位置，如图 6-32 所示。

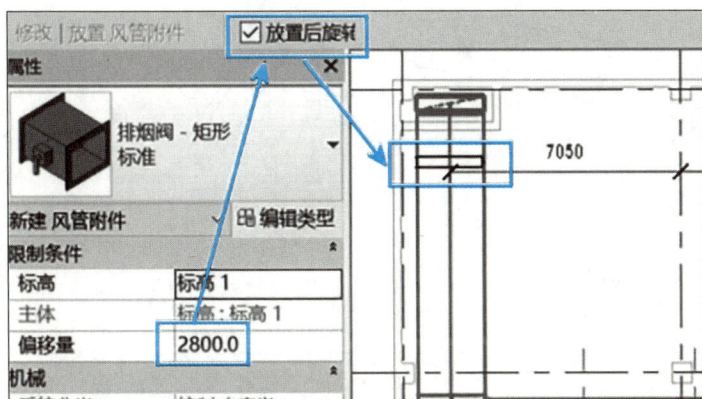

图 6-32

至此，暖通风系统就全部绘制完成了，其平面图和三维视图分别如图 6-33 和图 6-34 所示。

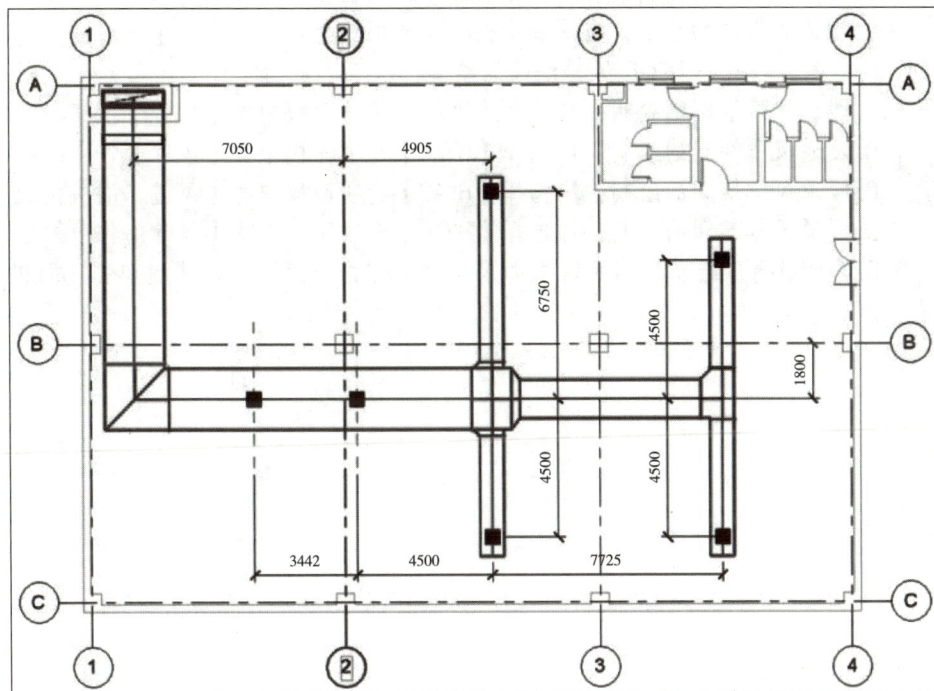

图 6-33

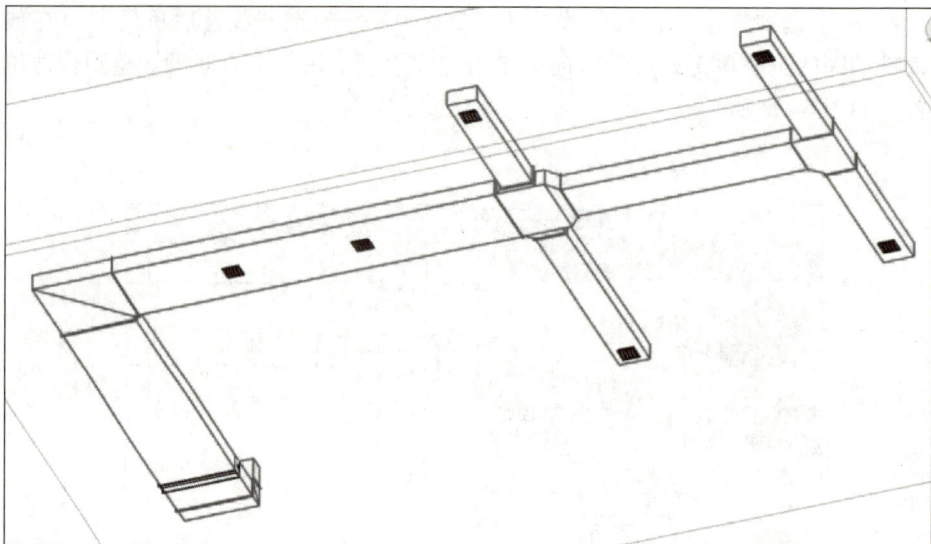

图 6-34

【随堂习题】

1.（单选题）关于暖通风风口的绘制，以下说法正确的是（　　　）。

A. 暖通风风口的绘制，应选择【卫浴和管道】选项面板中的【管道】按钮

B. 暖通风风口的绘制，应选择【暖通空调】选项面板中的【管道】按钮

C. 暖通风风口的绘制，应选择【HVAC】选项面板中的【风道末端】按钮

D. 暖通风风口的绘制，应选择【HVAC】选项面板中的【风管】按钮

2.（多选题）关于暖通风排烟阀的绘制，以下不正确的有（　　　）。

A. 暖通风排烟阀的绘制，应选择【HVAC】选项面板中的【风管】按钮

B. 暖通风排烟阀的绘制，应选择【HVAC】选项面板中的【风管管件】按钮

C. 暖通风排烟阀的绘制，应选择【HVAC】选项面板中的【风道末端】按钮

D. 暖通风排烟阀的绘制，应选择【HVAC】选项面板中的【风管附件】按钮

3.（判断题）绘制排烟阀时，如果排烟阀方向不对，可以通过单击 Tab 键进行旋转。（　　　）

单元 7　电气系统创建

真题题目第 5 条要求：创建视图名称为"电气平面图"，并根据"电气平面图"创建电气模型，灯具为"单管悬挂式灯具"，标高 3.0m；开关为单控明装，标高 1.2m；配电箱标高 1.2m。

我们将按照"灯管绘制→开关绘制→配电箱绘制→配电导线绘制→配电箱和开关标高的设置"的顺序，完成这个题目的要求。

电气系统绘制内容，主要依据电气平面图，如图 7-1 所示。从图中可以看到，这里边共有两排灯管，每排是 6 个。灯管和灯管之间的距离分别是 3500mm、4000mm、4000mm、3500mm、4000mm。灯管和左边墙的距离，图中没有给出，右边和墙的距离也没有给出。也就是说，这 6 个灯管，只有它们相对确定的位置，那么它们在图中的整体位置并没有给出明确的尺寸。我们以图

电气系统图
识读

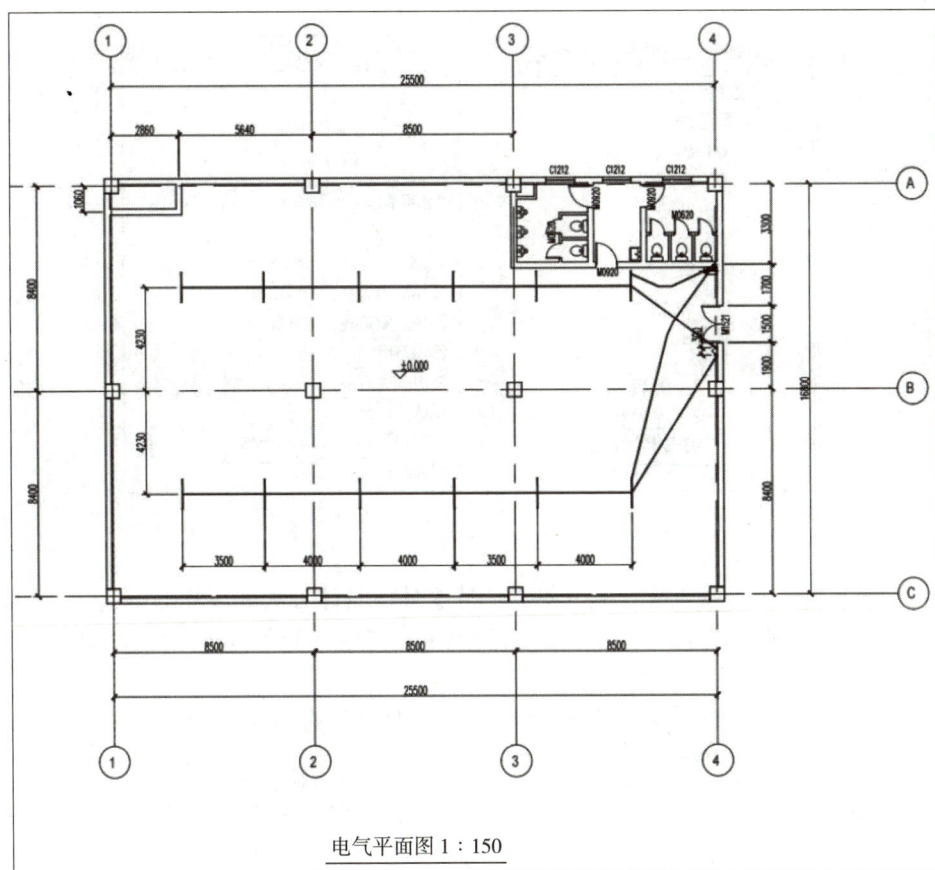

电气平面图 1：150

图 7-1

095

中最左上角的这个灯管为参照，该灯管大致与管道井的墙平齐。下面一排灯管和上面一排关于中间的轴线Ⓑ对称，距离轴线Ⓑ的距离都是 4230mm。在右侧墙上，轴线Ⓑ上方靠近门的位置有两个开关，从图中和说明中都可以知道，是单控明装。配电箱在卫生间外部的墙角处。上下两排灯管分为两组，分别用导线串联，然后分出两支导线，一支接配电箱，一支接开关。

任务 7.1　灯管的绘制

1. 灯管的绘制准备

在绘制之前，需要做两项准备工作。第一项准备工作，重新设置规程。

（1）电气系统规程设置方法和步骤如下：

1）【项目浏览器】面板→打开"照明"视图下级菜单→在"1-照明"上右键单击→复制视图→带细节复制→在新复制出来的视图上右键单击→重命名为"电气平面图"，如图 7-2 所示。

2）选中"电气平面图"，【属性】面板→子规程改为"04-电气"，如图 7-3 所示。

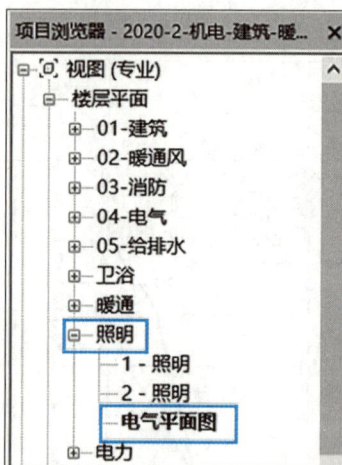

图 7-2

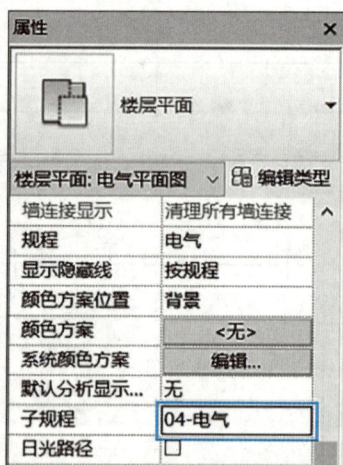

图 7-3

（2）第二项准备工作，载入灯管的族文件。具体方法和步骤如下：

1）【插入】选项卡→【从库中载入】面板→【载入族】按钮，如图 7-4 所示。

图 7-4

2）文件路径：机电→照明→室内灯→导轨和支架式灯具→选择"单管悬挂式灯具 –T5"→【打开】。

这样，我们就完成了灯管绘制前的两项准备工作，接下来就可以进行绘制了。整体绘制的思路是先绘制一个灯管，然后通过复制、镜像等命令完成全部灯管的绘制。

2. 一个灯管的绘制

灯管绘制的具体方法和步骤如下：

（1）【属性】面板→规程修改为"协调"，如图 7-5 所示。

（2）转到三维视图，打开【属性】面板中的【剖面框】功能，如图 7-6 所示。拉动剖面框，将墙壁剖切，以使我们能够清楚看到室内。适当调整角度，看到顶棚。

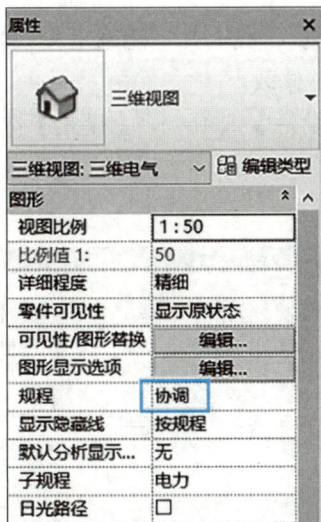

图 7-5

图 7-6

（3）【系统】选项卡→【电气】选项面板→点击【照明设备】按钮，快捷键是"LF"，如图 7-7 所示。

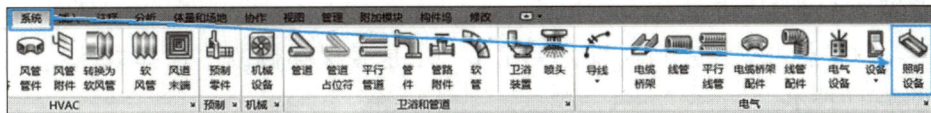

图 7-7

（4）在顶棚上任选一点，单击，将灯管绘制在顶棚上。【注释】选项卡→【尺寸标注】选项面板→点击【高程点】按钮（快捷键是"EL"）→在灯上表面选取两点进行高程点标注，如图 7-8 所示。

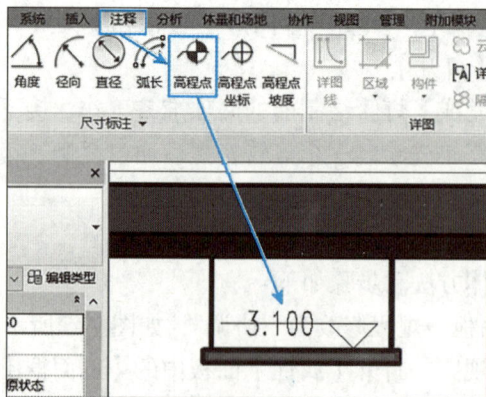

图 7-8

（5）调整灯管高度。单击选中灯管→【编辑类型】按钮→打开【类型属性】对话框。在对话框中，有两个"高度"，我们并不能确定应该修改哪一个，所以，需要进入灯管的族文件进行确认并修改。

（6）单击选中灯管→【修改|照明设备】选项卡→【模式】选项面板→点击【编辑族】按钮，如图 7-9 所示。

图 7-9

（7）打开族文件后，转到前立面。从图中可以看出。灯管距离顶棚的高度为"高度 1"，当前数值为"600.0mm"。我们绘制的灯管，高度为 3.1m，比题中要求的"标高 3.0m"高了 100mm，所以，我们需要将"高度 1"的数值增加100mm。之所以是增加而不是减少，是因为族文件中灯管与顶棚的方向与实际方向是相反的。也就是说，我们需要将"高度 1=600.0mm"中的 600 改为 700，如图 7-10 所示。

（8）点击【载入到项目并关闭】→【是否保存修改】选择"否"，如图 7-11 所示。

（9）单击选中灯管，点击【编辑类型】按钮→【类型属性】对话框→将"高度 1"的数值 600 改为 700，如图 7-12 所示。这样，灯管的高度就变为了3.0m，如图 7-13 所示。

3. 全部灯管的绘制

全部灯管绘制的方法和步骤如下：

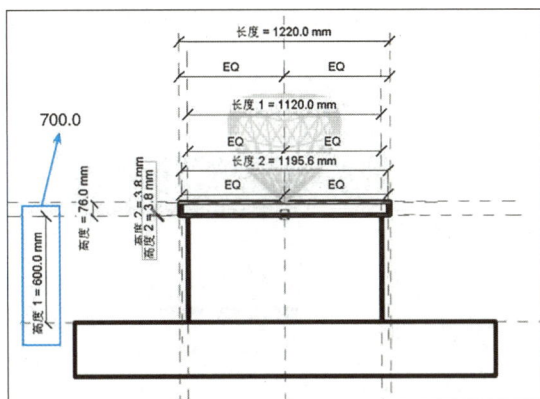

图 7-10

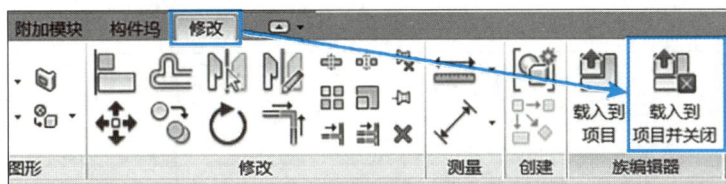

图 7-11

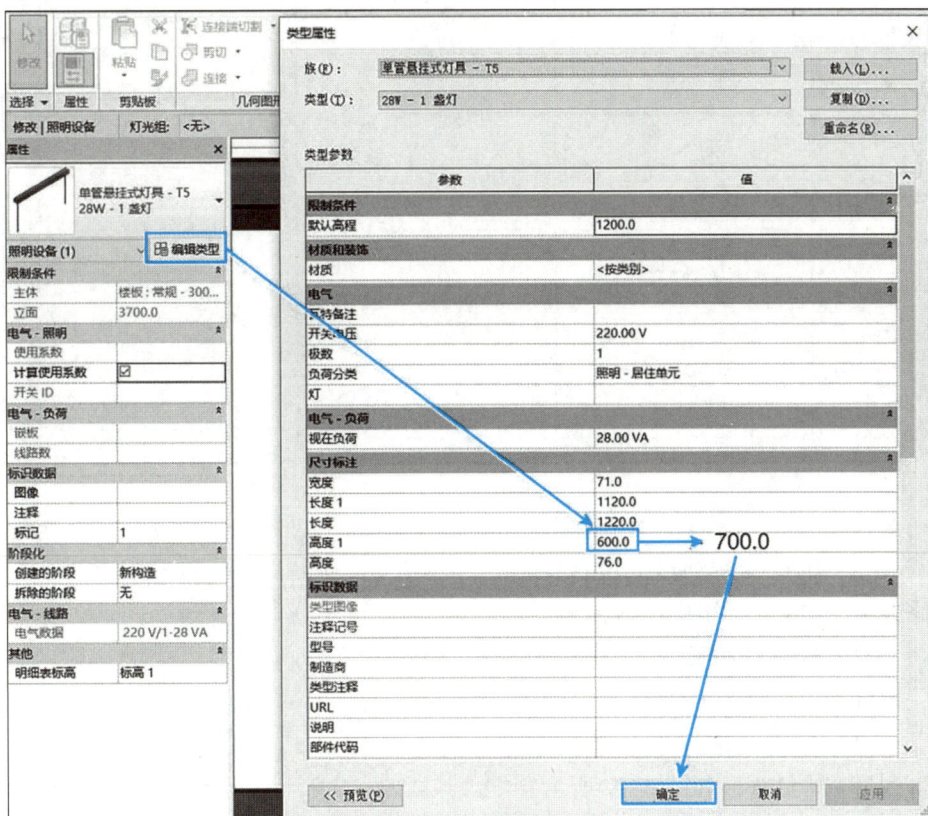

图 7-12

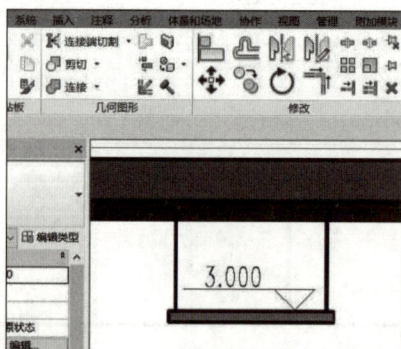

图 7-13

（1）将刚刚绘制的灯管与管道井的墙对齐，如图 7-14 所示。

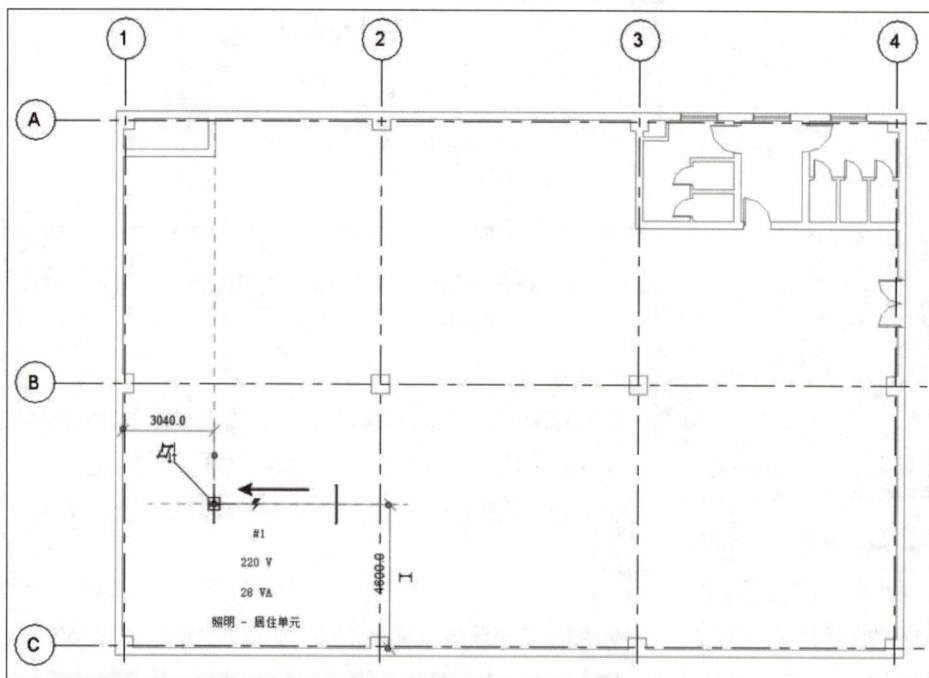

图 7-14

（2）将灯管与轴线Ⓑ进行标注，并将值修改为"4230"，如图 7-15 所示。

（3）将灯管按要求尺寸进行复制，得到一排灯管，如图 7-16 所示。

（4）将这一排灯管对轴线Ⓑ进行镜像，得到另一排灯管，如图 7-17 所示。

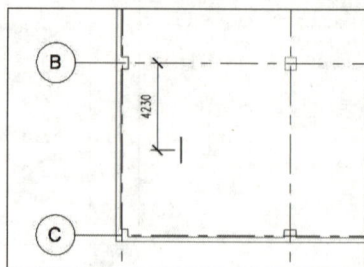

图 7-15

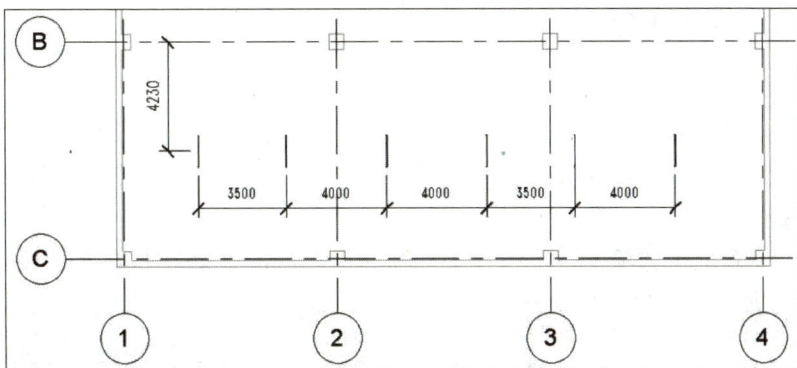

图 7-16

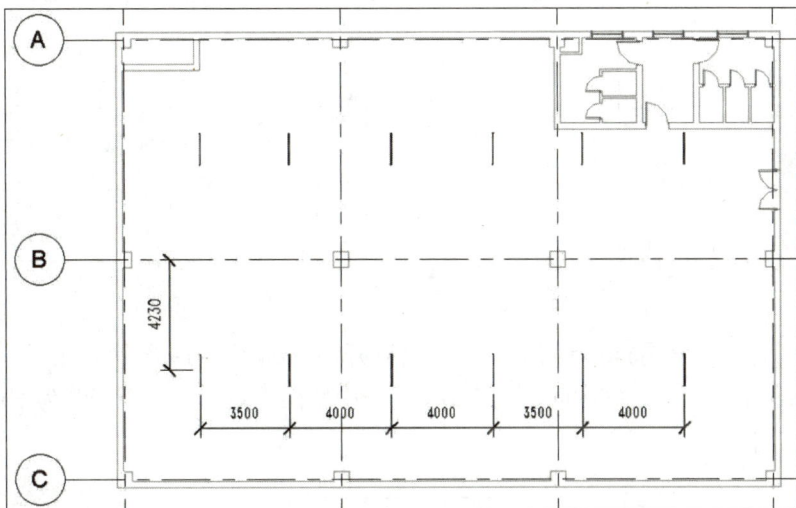

图 7-17

【随堂习题】

1.（单选题）关于灯管的绘制，以下说法正确的是（　　）。

A. 灯管的绘制，在平面视图中完成比较方便

B. 灯管的绘制，在立面视图中完成比较方便

C. 灯管的绘制，在三维视图中完成比较方便

D. 灯管的绘制，只可以在三维视图中完成

2.（多选题）关于灯管的绘制，以下正确的有（　　）。

A. 可以先绘制一个灯管，然后通过复制命令获得其他灯管

B. 可以先绘制一个灯管，然后通过阵列命令获得其他灯管

C. 可以先绘制一排灯管，然后通过镜像命令获得其他灯管

D. 可以直接一次性绘制所有灯管

3.（判断题）在绘制灯管之前，需要先载入灯管的族文件。（　　）

任务 7.2　开关的绘制

开关绘制的方法和步骤如下：

（1）【插入】选项卡→【从库中载入】面板→【载入族】按钮。

（2）文件路径：机电→供配电→终端→开关→选择"单联开关－明装"→【打开】。

（3）【系统】选项卡→【电气】选项面板→点击【设备】按钮→下拉菜单中选择"照明"，如图 7-18 所示。

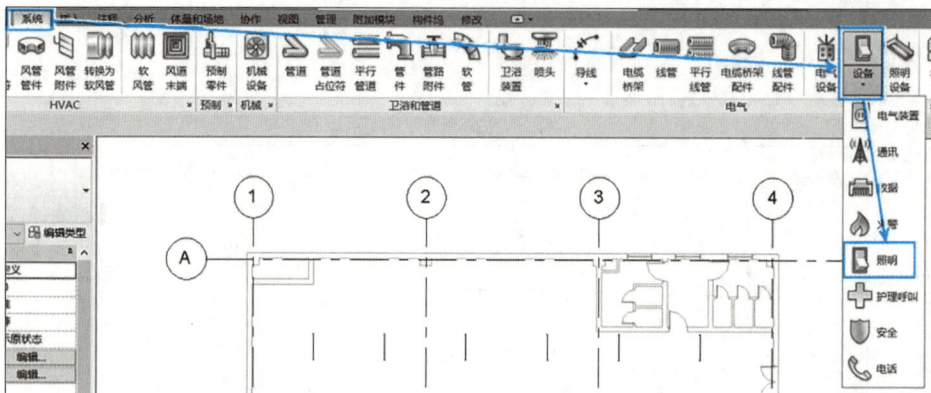

图 7-18

（4）在正确位置的墙面上单击，绘制开关，如图 7-19 所示。注意：真题图中给出了两开关之间的间距为 300。若选中墙面困难，可将规程改为"协调"后进行操作。

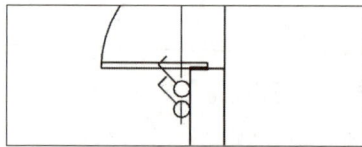

图 7-19

【随堂习题】

1.（单选题）关于开关的绘制，以下说法正确的是（　　）。

A. 绘制开关，应在"设备"下拉菜单中选择"电气装置"

B. 绘制开关，应在"设备"下拉菜单中选择"照明"

C. 绘制开关，应在"设备"下拉菜单中选择"通讯"

D. 绘制开关，应在"设备"下拉菜单中选择"安全"

2.（多选题）关于开关的绘制，以下不正确的有（　　）。

A. 只有配电箱绘制完成后，才能绘制开关

B. 开关分为明装、暗装和半暗装等几种形式

C. 在绘制开关时，若选中墙面困难，可将规程改为"建筑"后进行操作

D. 只有照明设备绘制完成后，才能绘制开关

3.（判断题）开关可以绘制在墙上，也可以绘制在柱上。（　　　）

任务 7.3　配电箱的绘制

1. 配电箱的绘制

配电箱绘制的方法和步骤如下：

（1）【插入】选项卡→【从库中载入】面板→【载入族】按钮。

（2）文件路径：机电→供配电→配电设备→箱柜→选择"照明配电箱 –明装"→【打开】→弹出【指定类型】对话框→保留默认设置，点击【确认】按钮。

（3）【系统】选项卡→【电气】选项面板→点击【电气设备】按钮→在图中指定放置配电箱的位置绘制配电箱，如图 7-20 所示。

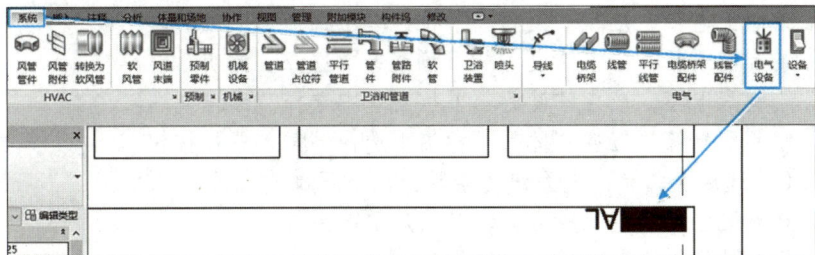

图 7-20

2. 配电系统的创建

灯管、开关、配电箱都绘制完成之后，在绘制导线之前，需要创建配电系统。创建配电系统的方法如下：

在图中单击选中配电箱，在【选项栏】中，将"配电系统"选择为"220/380Wye"，如图 7-21 所示。

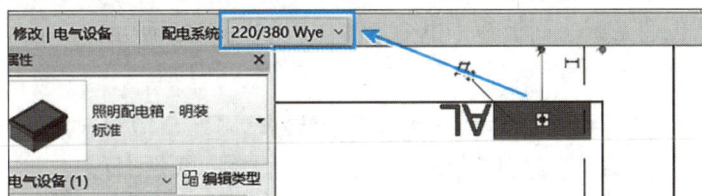

图 7-21

3. 配电箱的标高设置

配电箱标高设置的方法：

单击选中图中的配电箱→【属性】面板→【立面】数值修改为"1200.0"，如图 7-22 所示。

图 7-22

【随堂习题】

1.（单选题）关于配电箱的绘制，以下说法正确的是（　　　）。

A. 绘制配电箱，应在"设备"下拉菜单中选择"电气装置"

B. 绘制配电箱，应在"设备"下拉菜单中选择"照明"

C. 绘制配电箱，应在"设备"下拉菜单中选择"通讯"

D. 绘制配电箱，应在"插入"标签下选择"载入族"按钮

2.（多选题）关于配电系统的绘制，以下正确的有（　　　）。

A. 只有配电箱绘制完成后，才能创建配电系统

B. 只有导线绘制完成后，才能创建配电系统

C. 只有创建配电系统完成后，才能绘制导线

D. 只有创建配电系统完成后，才能绘制配电箱

3.（判断题）配电箱绘制完成后还需要创建配电系统。（　　　）

任务 7.4　导线的绘制

导线绘制的方法和步骤如下：

（1）选中上面一排灯管、配电箱和上面的一个开关→【修改｜选择多个】选项卡→【创建系统】面板→【电力】按钮，如图 7-23 所示。

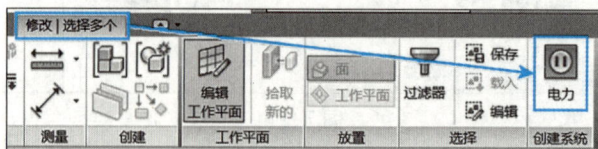

图 7-23

（2）【修改｜电路】选项卡→【转换为导线】面板→单击选择【带倒角导线】按钮，如图 7-24 所示。

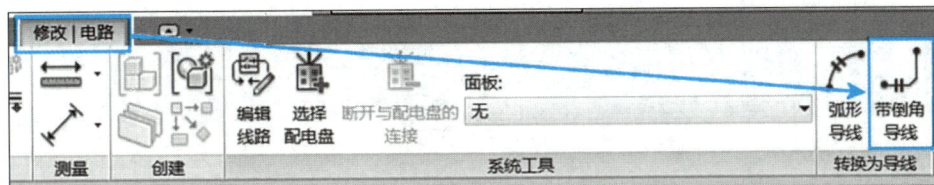

图 7-24

（3）在图中通过拖拽的方法调整导线，即完成上面一排灯管导线的绘制。

（4）用同样的方法完成下面一排灯管导线的绘制，如图 7-25 所示。

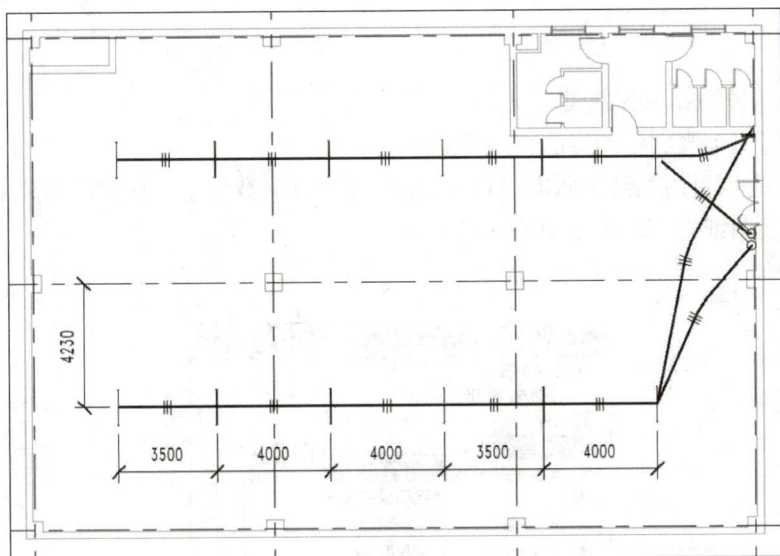

图 7-25

至此，电气系统就全部绘制完成了。

【随堂习题】

1.（单选题）关于导线的转弯形式，以下说法正确的是（　　　）。

A. 包括直角转弯导线和带倒角导线

B. 包括弧形导线和带倒角导线

C. 包括弧形导线和直角转弯导线

D. 包括带倒角导线和不带倒角导线

2.（多选题）关于导线的转弯形式，以下正确的有（　　　）。

A. 直角导线

B. 弧形导线

C. 带倒角导线

D. 样条曲线导线

3.（判断题）需要先绘制导线，才能创建配电系统。（　　　）

单元 8　明细表与图纸创建

真题题目第 7 条要求：创建风管明细表，包括系统类型、尺寸、长度、合计四项内容；并创建配电盘明细表。

真题题目第 8 条要求：创建"暖通风平面图"，要求 A3 图框，比例 1∶100，需标注图名，标注不作要求，并导出 CAD，以"暖通风平面图"进行保存。

任务 8.1　明细表的创建

1. 风管明细表的创建

风管明细表创建的方法和步骤如下：

（1）【项目浏览器】面板→右键单击【明细表/数量】→在弹出的菜单中选择"新建明细表/数量"，如图 8-1 所示。

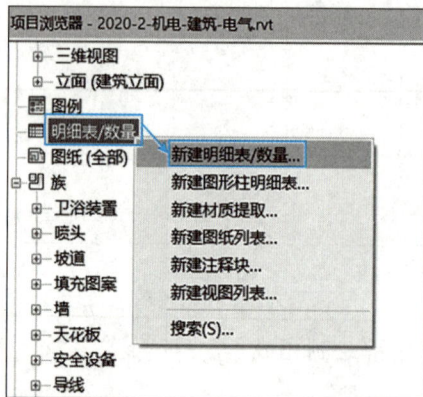

图 8-1

（2）弹出【新建明细表】对话框→"类别"中选择"风管"→"名称"处输入"风管明细表"→【确定】，如图 8-2 所示。

（3）弹出【明细表属性】对话框→【字段】标签→选择"合计""尺寸""系统类型""长度"→通过单击【添加】按钮或直接双击字段名称完成添加，如图 8-3 所示。

（4）应用【上移】和【下移】按钮对添加的字段进行排序，正确顺序为"系统类型""尺寸""长度""合计"。

（5）转到【排序/成组】标签→"排序方式"选择"系统类型"→否则按"尺寸"→取消勾选"逐项列举每个实例"，如图 8-4 所示。

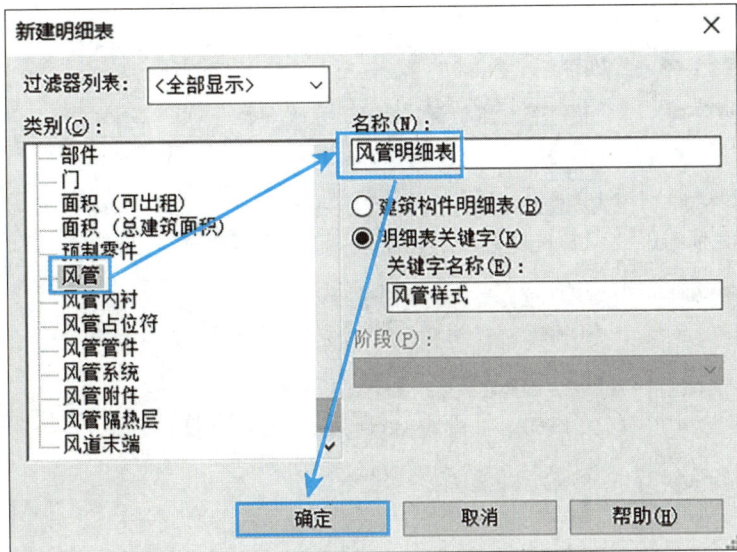

图 8-2

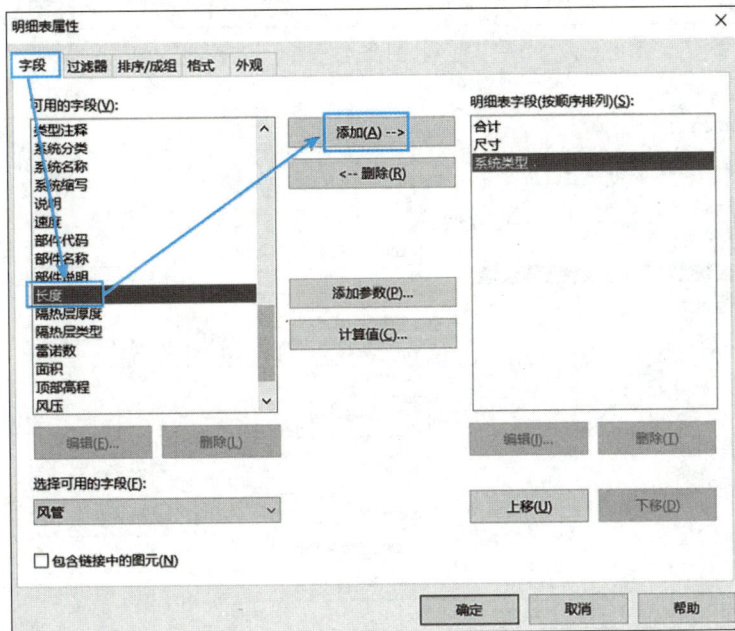

图 8-3

（6）转到【格式】标签→"长度"字段中勾选"计算总数"→"合计"字段中勾选"计算总数"，如图 8-5 所示。

（7）转到【外观】标签→取消勾选"数据前的空行"→【确定】，如图 8-6 所示。

（8）得到风管明细表，如图 8-7 所示。

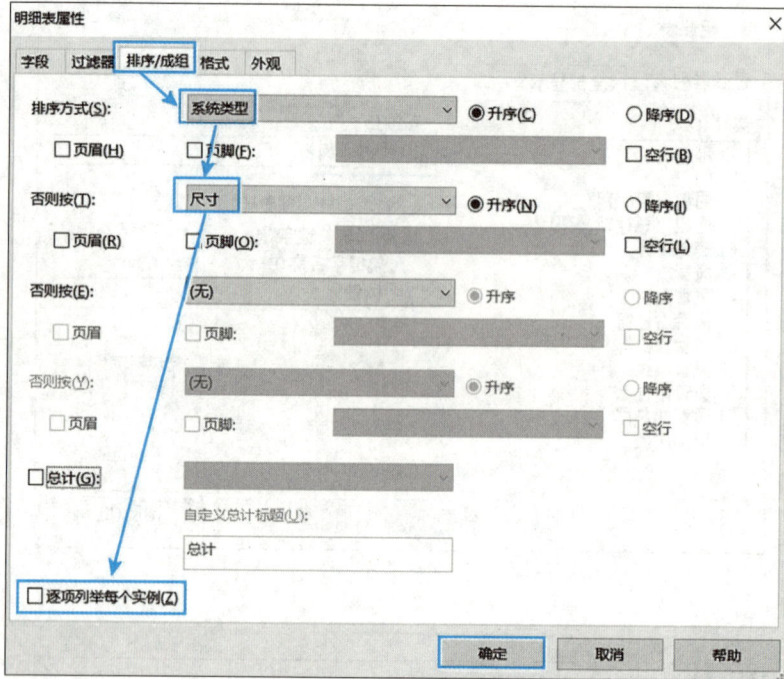

图 8-4

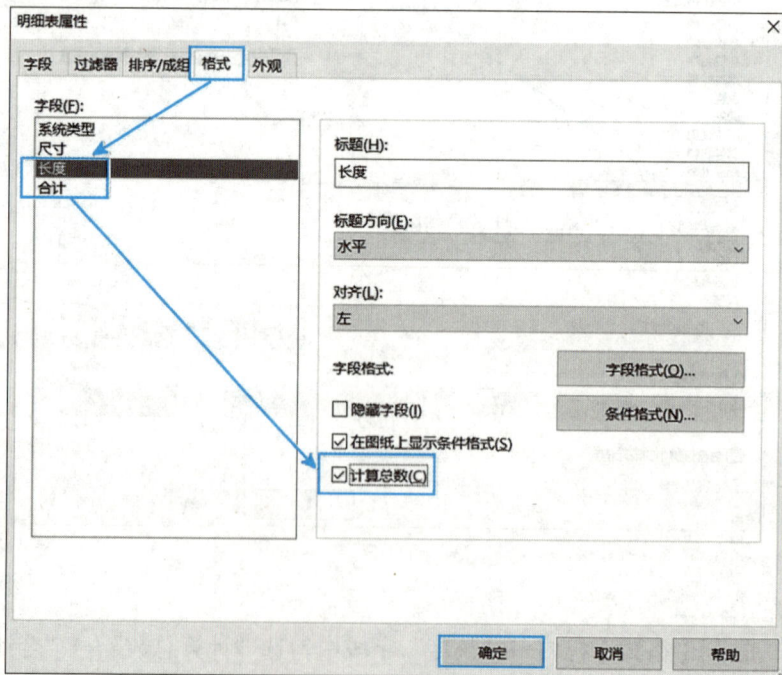

图 8-5

2. 配电盘明细表的创建

配电盘明细表创建方法如下：

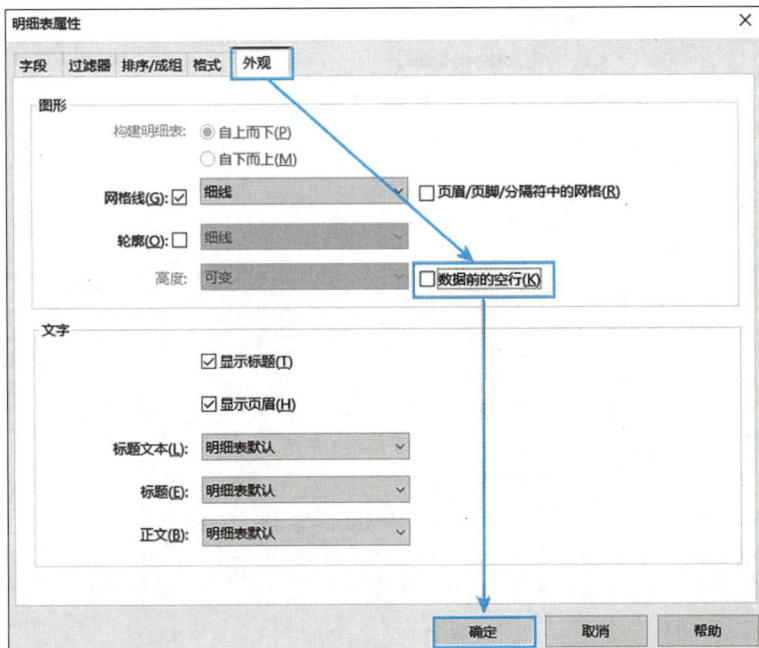

图 8-6

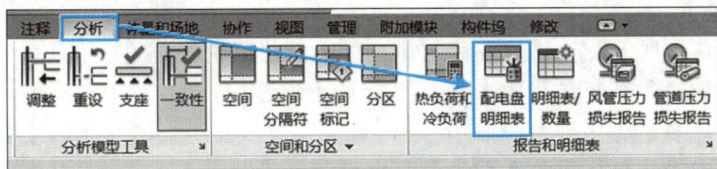

图 8-7

（1）【分析】选项卡→【报告和明细表】面板→【配电盘明细表】按钮，如图 8-8 所示。

图 8-8

（2）弹出【创建配电盘明细表】对话框→选择默认选项→【确定】，如图 8-9 所示。

（3）【项目浏览器】面板→【配电盘明线表】下列表中"标准，220/380V……"右键单击→重命名→输入新名称"配电盘明细表"→【确定】，如图 8-10 所示。

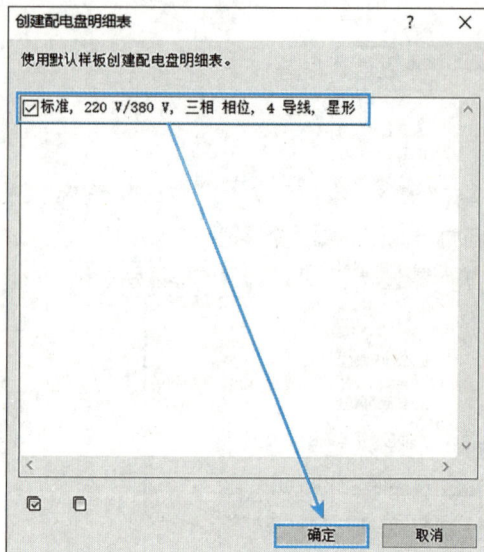

图 8-9

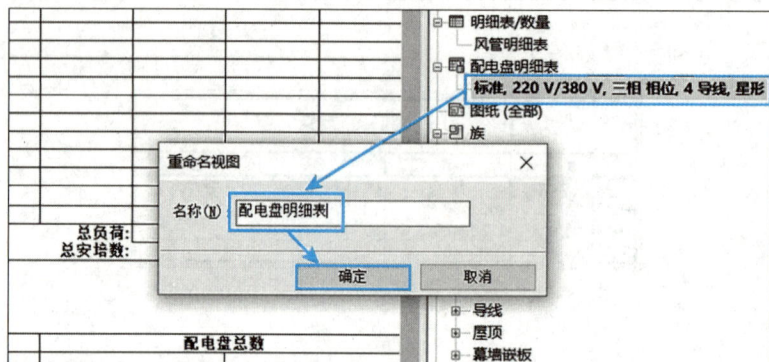

图 8-10

【随堂习题】

1.（单选题）关于明细表的创建，以下说法正确的是（ 　 ）。

A.只能使用系统给定的名称，不能自己命名

B.可以自己为明细表命名

C.明细表只包括风管明细表和配电盘明细表两种

D.明细表只包括风管明细表、配电盘明细表和门窗明细表三种

2.（多选题）关于风管明细表的创建，以下正确的有（ 　 ）。

A.我们可以根据需要添加相应的字段

B.我们不可以自己添加字段

C.我们可以调整字段的排序

D.我们不可以调整字段的排序

3.（判断题）明细表的字段一旦确定，后续不能再添加或修改。（ 　 ）

任务 **8.2**　图纸的创建

暖通风平面图创建的方法和步骤如下：

（1）打开"暖通风平面图"→在【视图控制栏】中将图形比例改为
1∶75→勾选"显示名称"→【确定】，如图 8-11 所示。

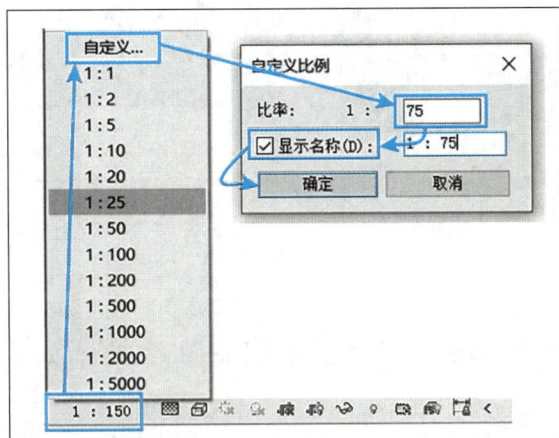

图 8-11

（2）【项目浏览器】面板→右键单击【图纸（全部）】→【新建图纸】→选
择"A3"→【确定】，如图 8-12 所示。

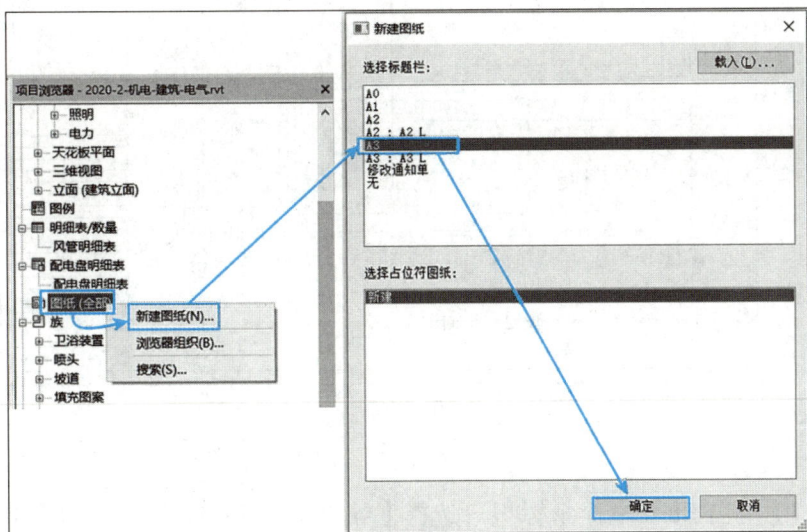

图 8-12

（3）【项目浏览器】面板→【图纸（全部）】下→右键单击"A121-未命
名"→重命名→输入新图名"暖通风平面图"。

（4）选择【02-暖通风】规程下的"暖通风平面图"→拖拽至图框中→调整位置。

（5）【注释】选项卡→【文字】按钮→【文字】下拉菜单，如图8-13所示。

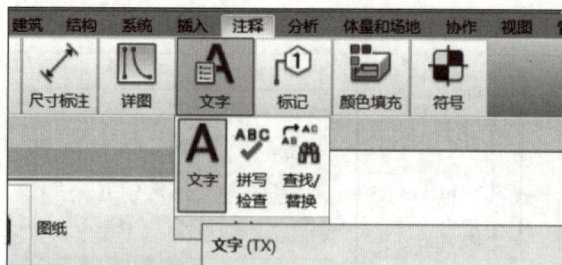

图 8-13

（6）拉取文本框→输入文字"暖通风平面图 1∶75"，如图 8-14 所示。

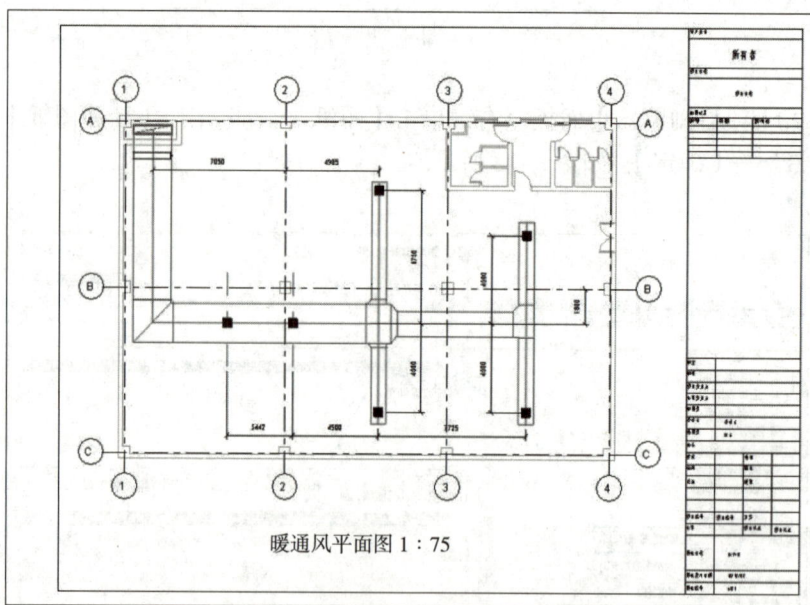

暖通风平面图 1∶75

图 8-14

（7）单击 Revit 左上角标识→选择【导出】→【CAD 格式】→【DWG】，如图 8-15 所示。

（8）弹出【DWG 导出】对话框→点击【下一步】，如图 8-16 所示。

至此，工程量统计与图纸创建任务全部完成，整个机电真题也基本上全部完成。

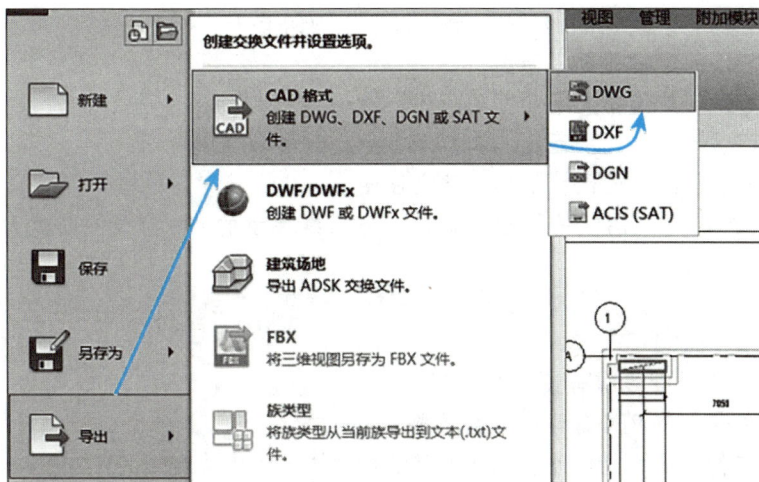

图 8-15

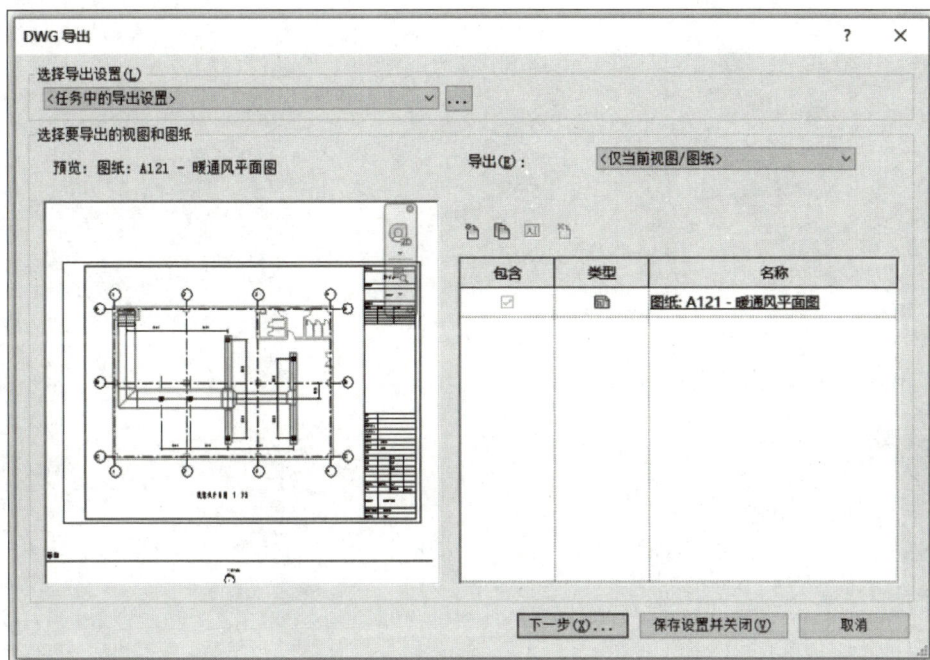

图 8-16

【随堂习题】

1.（单选题）关于图纸的创建，以下说法正确的是（　　）。

A.只可以创建平面图，不能创建立面图

B.只可以创建立面图，不能创建平面图

C.既可以创建平面图，也可以创建立面图

D.只能用系统提供的图框图签进行图纸创建

2.（多选题）关于图纸的创建，以下正确的有（　　）。

A. 可以创建暖通风平面图

B. 可以创建给排水平面图

C. 可以创建电气平面图

D. 只能创建平面图，不能创建立面图

3.（判断题）图纸的创建，就是把可三维展示的 rvt 格式图创建为二维的 dwg 格式图。（　　）

【模块 2 思考题】

1. 什么是管线综合设计？

2. 如何理解 BIM 管线综合的重要性？

3. 与传统的设计的平面图纸相比，BIM 技术的优势有哪些？

模块 3

管线综合碰撞检查与优化

【思维导图】

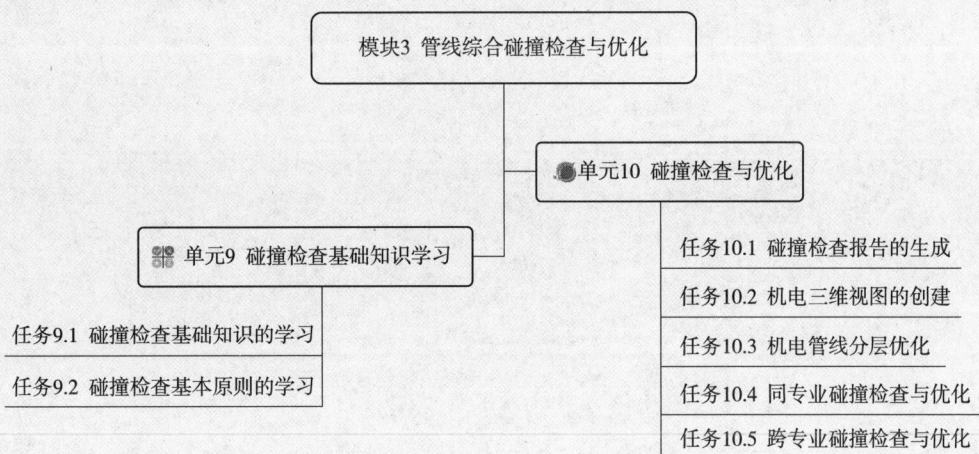

【知识目标】

（1）了解碰撞检查的目的和意义；

（2）掌握碰撞检查的基本原则；

（3）了解管线优化的基本原则。

【能力目标】

（1）具备碰撞检查报告生成的能力；

（2）具备机电三维视图创建的能力；

（3）具备机电管线分层优化的能力；

（4）具备同专业和跨专业碰撞优化的能力。

【素质目标】

（1）培养学生遵守规范、遵守原则的意识；

（2）培养学生与人、与事物和谐共处的意识。

单元 9　碰撞检查基础知识学习

碰撞检查是 BIM 技术应用过程中易实现、直观、易产生价值的功能之一。在建筑结构与管线综合设计中，碰撞检查也一直都是最实用、应用最多的功能。通过全面的三维校核，可发现大量隐藏在设计中的碰撞问题。当 BIM 模型建立之后，通过运行碰撞检查，不仅可以解决错综复杂的管道之间碰撞的问题，深化管道综合设计，还能通过检查与不同专业模型之间的碰撞，提前预留孔洞，并指导施工。从理论层面上来讲，通过 BIM 碰撞检查，在真实建造施工之前能 100% 消除各类碰撞问题，能在很大程度上减少返工、缩短工期、节约成本。

碰撞检查的目的和分类

任务 9.1　碰撞检查基础知识的学习

1. 碰撞检查的目的和意义

管线碰撞在工程项目中无论是设计，还是施工，乃至后期的运维都是不可避免的问题。同时它也是工程中一个浪费严重的环节，尤其是在传统 2D 图纸时代，往往需要建筑师和施工人员靠自己的空间想象力以及经验去设计和施工，因为设计不合理而导致施工进行不下去的情况比比皆是。随着 BIM 技术可视化的出现，在很大程度上解决了这些问题。

在工程建造前，通过 BIM 碰撞检查，能够依据整合的设计 BIM 模型逐一进行空间冲突与分析，以利解决各专业细部冲突。传统的二维图形无法说明高程差异，所以不易发现电缆线架与空调风管或是总线与梁是否有空间冲突。而 BIM 碰撞检查则可根据模拟分析结果，提早进行设计修改减少施工阶段变更设计，以缩短施工时间。例如，管线设计不合理造成的碰撞、施工阶段可能产生空间冲突状况等。

在运维阶段，通过 BIM 碰撞检查，可设定人员及机具工作空间，动态仿真维修过程与路径，能够充分考虑设备与管路维护所需空间，事先考虑施工人员及机具预留维护空间，可降低运作及维护成本和维修的困难性。

2. 碰撞检查的分类

通常 BIM 中所说的碰撞检查分为硬碰撞和软碰撞两种。

（1）硬碰撞是指实体与实体之间交叉碰撞，又可分为单专业碰撞和多专业碰撞两种。单专业碰撞主要包括维护支撑与楼面之间的碰撞、集水井与基础承台之间的碰撞、楼梯与梁之间的碰撞、钢筋碰撞、管线综合碰撞、机电设备之间的碰撞以及内装构件之间的碰撞等等。多专业碰撞包括建筑与结构的碰撞（如门窗与结构梁柱的碰撞、建筑线脚与雨棚等构件的碰撞）、结构与管线综合的碰撞（如管线穿梁柱）、机电与建筑碰撞（如防火卷帘门箱体与管线穿插、预留洞口与风管错位）等。

（2）软碰撞是指实际并没有碰撞，但间距和空间无法满足安装、维修等相关施工要求，如管线未考虑保温层设置导致间隙不足、检修口预留位置不够、门窗开启半径与管线碰撞、停车位置在积水坑下面、楼梯梯段净高不满足规范要求等。软碰撞也包括基于时间的碰撞需求，指在动态施工过程中，可能发生的碰撞，例如场布中的车辆行驶、塔吊等施工机械的运作。

【随堂习题】

1.（单选题）关于碰撞检查的分类，以下说法不正确的是（　　）。

A.BIM 中所说的碰撞检查分为硬碰撞和软碰撞两种

B.硬碰撞是指实体与实体之间交叉碰撞，又可分为单专业碰撞和多专业碰撞两种

C.软碰撞是指实际并没有碰撞，但间距和空间无法满足安装、维修等相关施工要求

D.石头和石头的碰撞属于硬碰撞，棉花和棉花的碰撞属于软碰撞

2.（多选题）关于碰撞检查的目的和意义，以下说法正确的是（　　）。

A.BIM 碰撞检查，可依据整合的设计 BIM 模型逐一进行空间冲突与分析，以利解决各专业细部冲突

B.BIM 碰撞检查可根据模拟分析结果，提早进行设计修改减少施工阶段变更设计，以缩短施工时间

C.BIM 碰撞检查，可事先考虑施工人员及机具预留维护空间，可降低运作及维护成本和维修的困难性

D.BIM 碰撞检查，可以增加趣味性，使工作过程不那么枯燥

3.（判断题）门窗与结构梁柱的碰撞属于硬碰撞，预留洞口与风管错位属于软碰撞。（　　）

碰撞检查的
基本原则

任务 9.2　碰撞检查基本原则的学习

1.水管线碰撞优化原则及技巧

在做 BIM 管线综合碰撞检查和冲突解决的过程中，应遵循以下原则：

（1）小管避让大管。小管道造价低、占用空间小、绕弯容易、易安装，且大管道在设计过程中通常都优先布置。

（2）分支管让主干管。分支管一般管径较小，避让理由同第 1 条。另外，分支管的影响范围和重要性不如主干管。

（3）有压管避让无压管。无压管道，如生活污水、粪便污水排水管、雨水排水管、冷凝水排水管等都是靠重力排水，因此，水平管段必须保持一定的坡度，是顺利排水的必要和充分条件。重力流改变坡度和流向对流动影响较大，在无压管与有压管道交叉时，有压管应该避让无压管。

（4）低压管避让高压管。有压管与有压管的碰撞，低压管线避让高压管线，因为高压管线的造价相对来说较高，且强度要求也较高。

（5）给水管让排水管。除了上述第（4）条的原因外，通常排水管管径大，参见第1条。

（6）气体管让水管。相比气体来说，水流动的动力消耗大。

（7）一般管道让通风管。通风管道体积大，绕弯困难。

（8）金属管避让非金属管。因为金属管线较容易弯曲、切割和连接。

（9）消防水管避让冷水管（同管径）。因为冷水管有保温，有利于工艺和造价。

（10）管件和附件少的管线避让管件和附件多的管线。这样便于安装施工、运行操作和检修维护管理。

（11）施工简单的避让施工难度大的。这是基于避免增加安装难度方面考虑的。

（12）安装工程量小的避让安装工程量大。这是基于避免增加安装工程量方面考虑的。

（13）技术要求低的避让技术要求高的。这是基于避免增加安装技术要求难度方面考虑的。

（14）新建管线避让已建成的管线。这是基于避免增加工程量和造价以及施工难度等方面考虑的。

（15）临时管线避让长期管线。在施工过程中，可能会设有一些临时管线，施工结束后即拆除，这种临时管线应该避让长期管线。

（16）检修次数少的让检修次数多的。这是基于避免增加后期维护管理工程量方面考虑的。

（17）管线发生冲突需要调整时，尽量以不增加工程量为宜。

（18）对已有一次性结构预留孔洞的管线，应尽量减少位置的移动。

（19）与设备连接的管线，应减小位置的水平及标高位移。

（20）要求明装的管线，应尽可能沿墙、梁、柱的走向敷设，最好是成排、分层敷设布置。

（21）在保证满足设计和使用要求的前提下，管线应尽量暗装于管道井内、管廊内或吊顶内。

（22）布置管线时，应考虑预留检修及二次施工的空间，尽量将管线提高，但同时也要考虑与吊顶间留出足够的空间。

2. 水管线与其他专业管线碰撞优化原则及技巧

当水管与其他专业的管线碰撞时，应遵循以下原则：

（1）电线桥架等管线在最上面，风管在中间，水管在最下方。

（2）冷水管线应避让电气管线。在冷水管道垂直下方不宜布置电气线路。

（3）满足所有管线、设备的净空高度要求，管道距离梁底部不小于200mm。

（4）在满足设计要求和美观要求前提下，尽可能节省空间。

（5）其他优化管线的原则可参考各个专业的现行国家标准。

【随堂习题】

1.（单选题）关于输水管线碰撞优化原则，以下说法不正确的是（   ）。

A. 小管避让大管

B. 无压管避让有压管

C. 施工简单的避让施工难度大的

D. 临时管线避让长期管线

2.（多选题）当输水管线与其他专业的管线碰撞时，以下说法正确的有（   ）。

A. 电线桥架等管线在最上面，水管在中间，风管在最下方

B. 冷水管线应避让电气管线

C. 满足所有管线、设备的净空高度要求，管道距离梁底部不小于200mm

D. 在满足设计要求和美观要求前提下，尽可能节省空间

3.（判断题）管件和附件少的管线避让管件和附件多的管线。这样便于安装施工、运行操作和检修维护管理。（   ）

单元 10　碰撞检查与优化

　　本模块以 2021 年第六期"1+X"建筑信息模型（BIM）职业技能等级考试中级（建筑设备方向）实操试题中的第二题为实例，对碰撞检查这部分内容进行详细讲解。

　　真题内容如图 10-1 所示。

2021 年第六期"1+X"中级真题

二、碰撞检查（20 分）
　　打开考生资料文件夹，附件二中"机电模型"项目文件，按"原点到原点"的方式使建筑模型、结构模型整合至机电模型中，运用软件自带的碰撞检测功能对模型进行碰撞检测，并根据机电管综基本原则进行修改，完成以下任务。（20 分）
　　1. 碰撞检查报告。（5 分）
　　　　（1）对机电模型所有图元间进行碰撞检查并导出报告；（2 分）
　　　　（2）对机电模型所有图元与结构模型结构框架进行碰撞检查并导出报告；（2 分）
　　　　（3）以"机电碰撞报告 + 考生姓名"、"机电与结构碰撞报告 + 考生姓名"命名保存到考生文件夹中。（1 分）
　　2. 创建机电三维视图，并按以下要求设置参数。（6 分）
　　　　（1）隐藏建筑模型和结构模型；（1 分）
　　　　（2）在过滤器中增加强电桥架过滤器，填充样式设置为蓝色、实体填充，喷淋系统颜色修改为紫色；（3 分）
　　　　（3）假设吊顶高度在 2.5m，把风口高度调整到合适位置。（2 分）
　　3. 管线优化。（7 分）
　　　　（1）按照管线布置基本原则对管线进行分层，按照"水下电上"的原则优化；（3 分）
　　　　（2）对管线碰撞点进行优化，最终优化模型无碰撞；（3 分）
　　　　（3）管线高度不低于吊顶高度（2.5m）。（1 分）
　　4. 管线优化确认无误后，成果以"机电优化模型 + 考生姓名"保存到考生文件夹。（2 分）

图 10-1

任务 10.1　碰撞检查报告的生成

碰撞检查真题 .rvt 模型文件

1. 模型链接

　　通过扫描二维码，获取相应的 RVT 模型文件，包括考生资料文件夹附件二中机电模型、建筑模型以及机电模型，将这几个模型下载至电脑硬盘。然后，通过以下步骤完成链接：

　　（1）找到下载好的机电模型，打开。

　　（2）单击【插入】选项卡→【链接 Revit】，如图 10-2 所示。

　　（3）在弹出的【导入 / 链接 RVT】对话框中选择建筑模型→【定位】选择"自动 - 原点到原点"→单击【打开】，如图 10-3 所示。

图 10-2

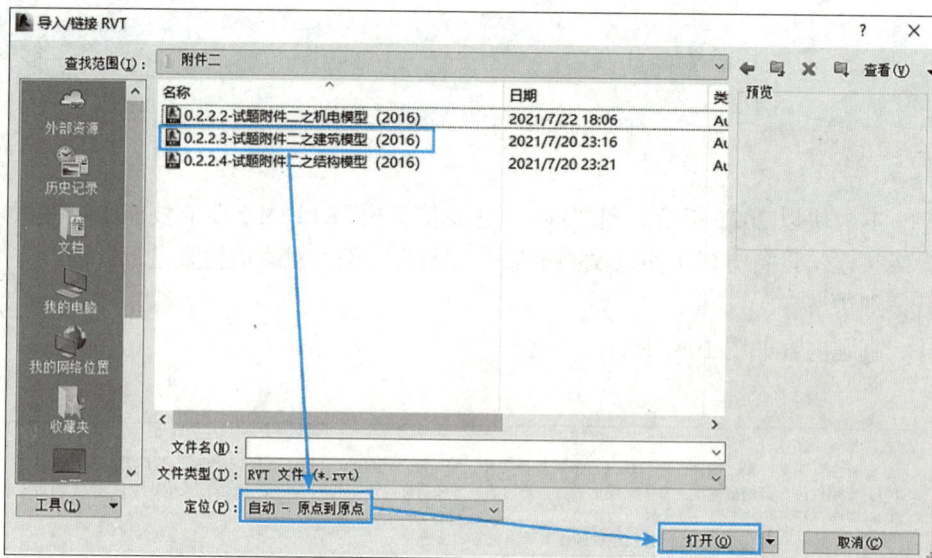

图 10-3

（4）用同样的方法完成"结构模型"的链接。

2. 同专业碰撞检查报告的生成

同专业碰撞检查操作方法和步骤如下：

（1）点击【协作】选项卡→【坐标】选项面板→【碰撞检查】按钮→【运行碰撞检查】，如图 10-4 所示。

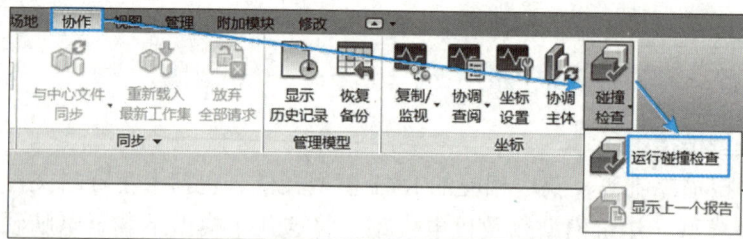

图 10-4

（2）弹出【碰撞检查】对话框→左边选择"当前项目"→【全选】→勾选选中所有项目→右边选择"当前项目"→【全选】→选中所有项目，如图 10-5 所示。这里的"当前项目"即为"机电模型"。

（3）点击【确定】按钮，弹出【冲突报告】对话框，如图 10-6 所示。

（4）点击【导出】按钮→输入文件名"机电碰撞报告"→指定保存位置路径→点击【保存】按钮。

在【冲突报告】对话框中，可以进行以下操作：

（1）显示某一图元的碰撞位置。如果需要查看冲突报告中某一个有冲突的图元，在【冲突报告】对话框中选中该图元的名称→单击【显示】按钮，该图

图 10-5

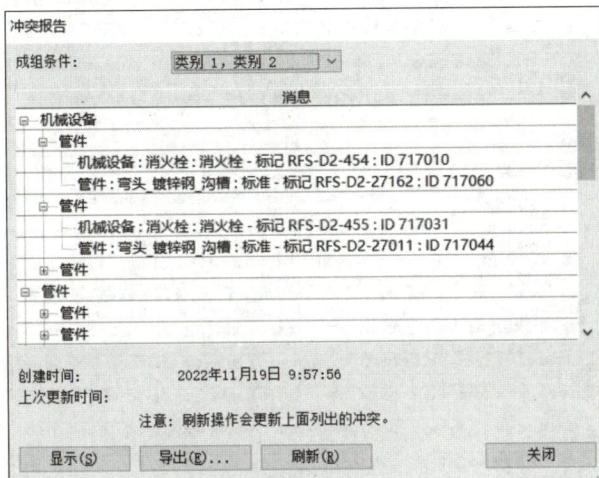

图 10-6

元将在当前视图中高亮显示。在视图中直接修改该图元，即可解决冲突。若再次单击【显示】按钮，则会转换到其他视图显示冲突结果。

（2）刷新冲突报告。解决冲突后，在【冲突报告】对话框中单击【刷新】按钮，则会从冲突列表中删除已解决冲突的图元。此处需要注意的是，单击【刷新】按钮，实现的仅是重新检测当前报告中的冲突，而不是重新运行碰撞检查。换句话说，如果我们通过修改某图元解决了当前的冲突问题，但不慎该图元又和其他构件形成了新的冲突，这种情况通过【刷新】是检查不到的，只能通过重新检查才能检查出来。

（3）导出冲突报告。在【冲突报告】对话框中，单击【导出】按钮，可生成 HTML 版本的冲突报告，如图 10-7 所示。关闭【冲突报告】对话框后，若要再次查看刚刚生成的报告，可以单击【协作】选项卡，在【坐标】选项面板中单击【碰撞检查】，在弹出的下拉列表中单击选择【显示上一个报告】按钮，如图 10-8 所示。

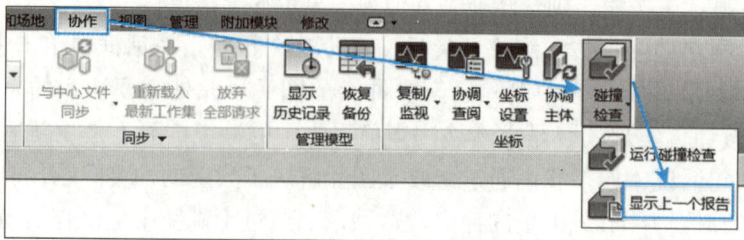

图 10-7

图 10-8

3.跨专业碰撞检查报告的生成

（1）点击【协作】选项卡→【坐标】选项面板→【碰撞检查】按钮→【运行碰撞检查】。

（2）弹出【碰撞检查】对话框→左边选择"当前项目"→【全选】→选中所有项目→右边选择"……结构模型"→勾选"结构框架"，如图 10–9 所示。

（3）点击【确定】按钮，弹出【冲突报告】对话框，如图 10–10 所示。

（4）点击【导出】按钮→输入文件名"机电与结构碰撞报告"→指定保存位置路径→点击【保存】按钮。

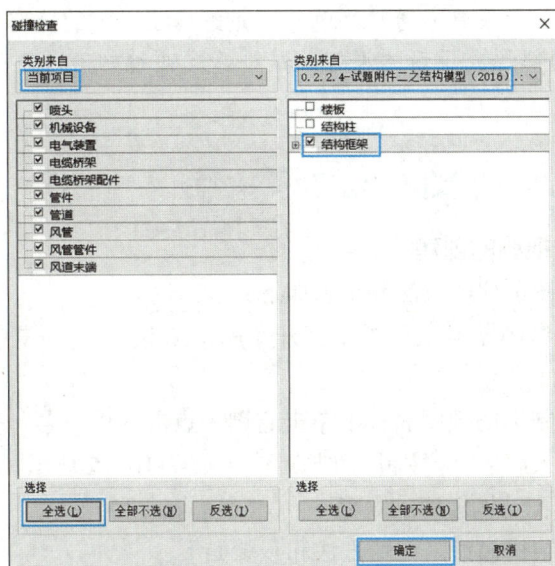

图 10–9

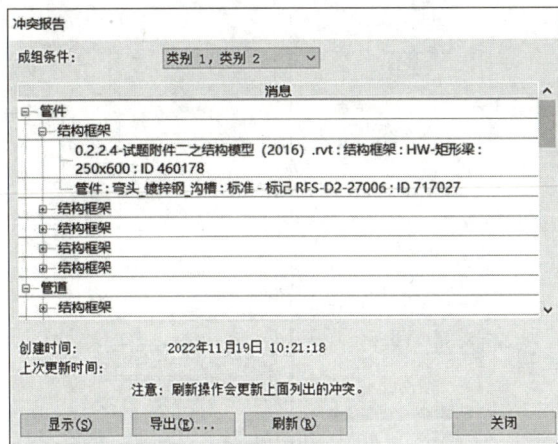

图 10–10

【随堂习题】

1.（单选题）关于碰撞检查报告的生成，以下说法准确的是（　　）。

A.可以生成同专业碰撞检查报告，也可以生成跨专业碰撞检查报告

B.可以生成硬碰撞检查报告，也可以生成软碰撞检查报告

C.可以生成单专业碰撞检查报告，也可以生成多专业碰撞检查报告

D.可以生成专题性报告，也可以生成综合性报告

2.（多选题）解决冲突后，刷新冲突报告，以下正确的有（　　）。

A.会从冲突列表中删除已解决冲突的图元

B.不会从冲突列表中删除已解决冲突的图元

C.实现的仅是重新检测当前报告中的冲突，而不是重新运行碰撞检查

D.相当于重新运行碰撞检查

3.（判断题）如果我们通过修改某图元解决了当前的冲突问题，但不慎该图元又和其他构件形成了新的冲突，这种情况通过刷新冲突报告可以检查出来。（　　）

任务 10.2　机电三维视图的创建

1.机电三维视图的创建

机电三维视图创建的方法和步骤如下：

（1）在【项目浏览器】面板中打开"视图（专业）"→复制视图→带细节复制，如图 10-11 所示。

（2）在新复制出的视图名称上单击右键→点击"重命名"→在【重命名视图】对话框中输入新名称"机电三维视图"，如图 10-12 所示。

2.建筑模型和结构模型的隐藏

建筑模型和结构模型隐藏的方法和步骤如下：

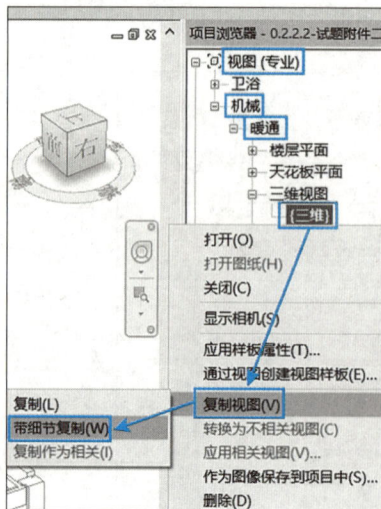

图 10-11

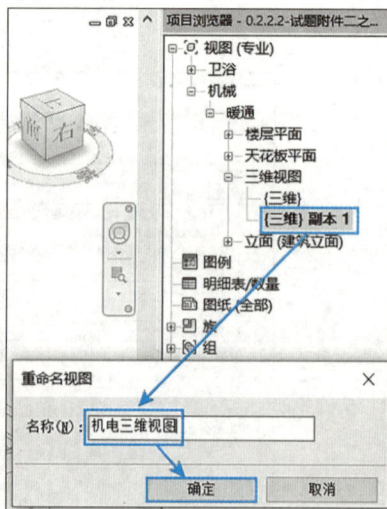

图 10-12

（1）单击【视图】选项卡→【图形】选项面板→单击【可见性 / 图形】按钮（快捷键"VV"或"VG"），如图 10-13 所示。

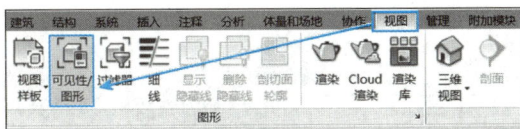

图 10-13

（2）弹出【三维视图：机电三维视图的可见性 / 图形替换】对话框→【Revit 链接】标签→取消勾选"……建筑模型"和"……结构模型"→【确定】，如图 10-14 所示。

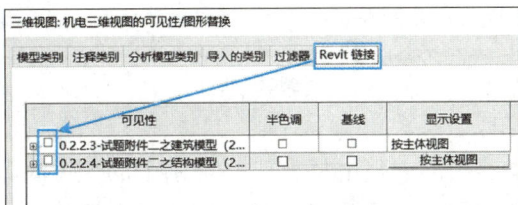

图 10-14

3. 强电桥架过滤器的设置

强电桥架过滤器设置方法和步骤如下：

（1）单击【视图】选项卡→【图形】选项面板→单击【可见性 / 图形】按钮（快捷键"VV"或"VG"）。

（2）弹出【三维视图：机电三维视图的可见性 / 图形替换】对话框→【过滤器】标签→【添加】→【编辑 / 新建】→【确定】，如图 10-15 所示。

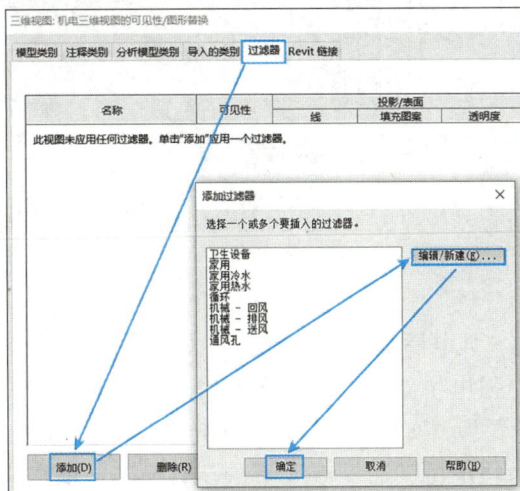

图 10-15

（3）在弹出的【过滤器】对话框中，单击左下角【新建】📄按钮→输入过滤器名称"强电桥架"→【确定】，如图 10-16 所示。

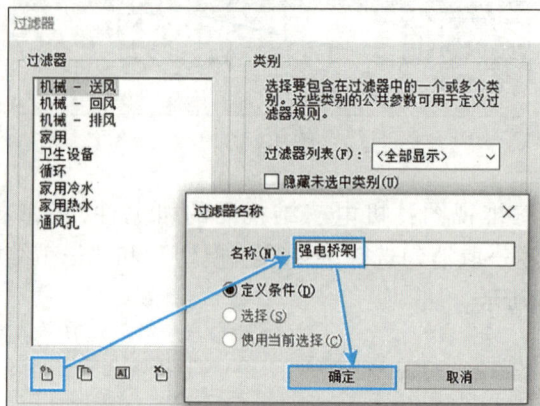

图 10-16

（4）选中过滤器中的"强电桥架"→类别中的"过滤器列表"下拉菜单中勾选"电气"并取消其余几项的勾选→勾选"电缆桥架"和"电缆桥架配件"→过滤器规则中的过滤条件选择"设备类型""等于""强电"→【确定】，如图 10-17 所示。

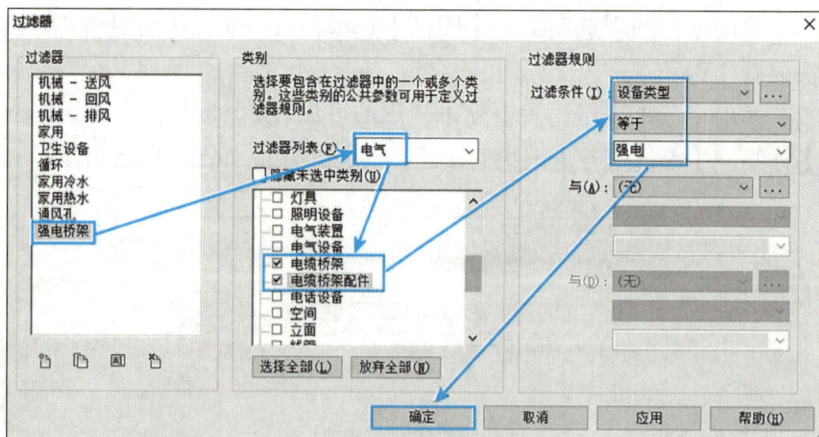

图 10-17

（5）单击选中"强电桥架"→【确定】，如图 10-18 所示。

（6）单击选中强电桥架后"填充图案"下的"替换"→颜色设置为"蓝色"→填充图案设置为"实体填充"→【确定】，如图 10-19 所示。

（7）单击选中强电桥架后"线"下的"替换"→颜色设置为"蓝色"→【确定】→再【确定】，完成强电桥架过滤器的设置，如图 10-20 所示。

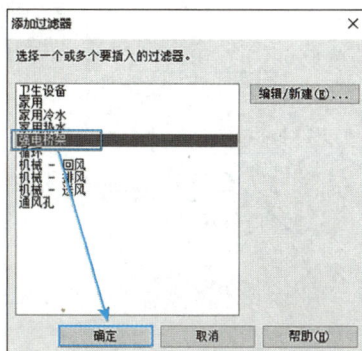

图 10-18

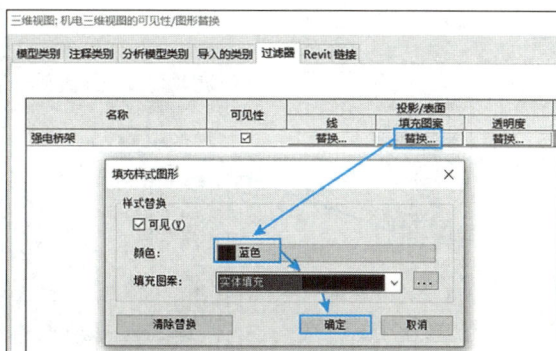

图 10-19

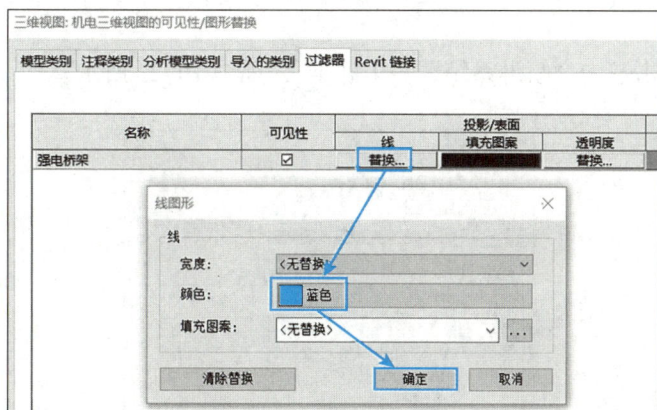

图 10-20

4. 喷淋系统过滤器的设置

喷淋系统过滤器设置方法和步骤如下：

（1）同强电桥架过滤器设置步骤第 1 步。

（2）同强电桥架过滤器设置步骤第 2 步。

（3）在弹出的【过滤器】对话框中，单击左下角【新建】按钮→输入过滤器名称"喷淋系统"→【确定】，如图 10-21 所示。

（4）选中过滤器中的"喷淋系统"→类别中的"过滤器列表"下拉菜单中勾选"管道"并取消其余几项的勾选→勾选"喷头""管件"和"管道"→过滤器规则中的过滤条件选择"系统类型""等于""自动喷水灭火系统"→【确定】，如图 10-22 所示。

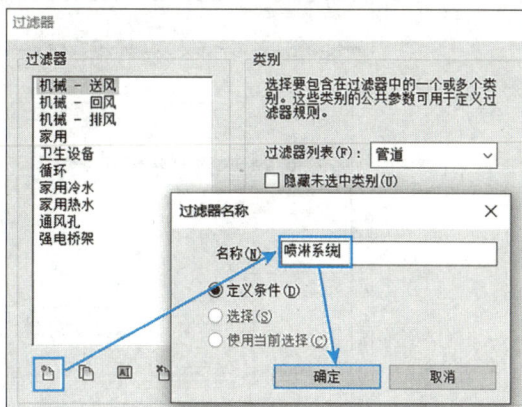

图 10-21

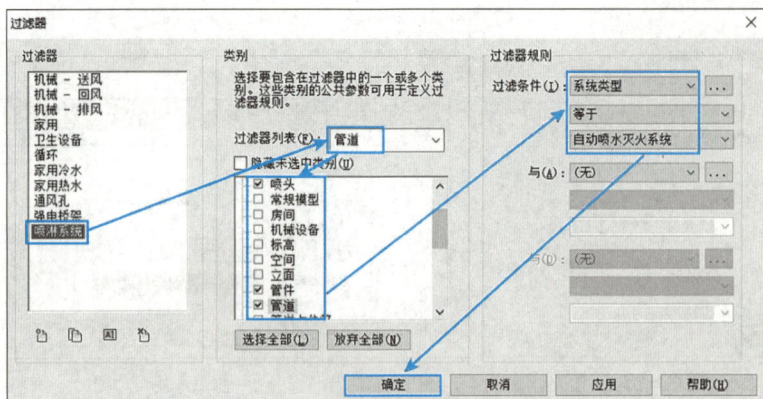

图 10-22

（5）单击选中"喷淋系统"→【确定】，如图 10-23 所示。

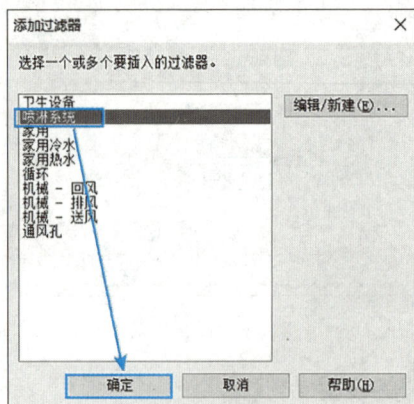

图 10-23

（6）单击选中喷淋系统后"填充图案"下的"替换"→颜色设置为"紫色"→填充图案设置为"实体填充"→【确定】，如图 10-24 所示。

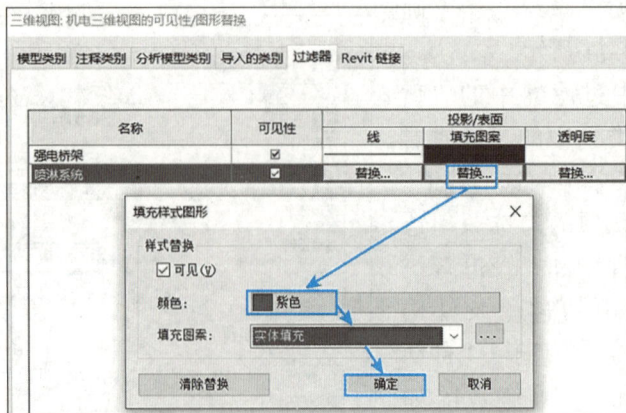

图 10-24

（7）单击选中强电桥架后"线"下的"替换"→颜色设置为"蓝色"→【确定】→再【确定】，完成强电桥架过滤器的设置，如图 10-25 所示。

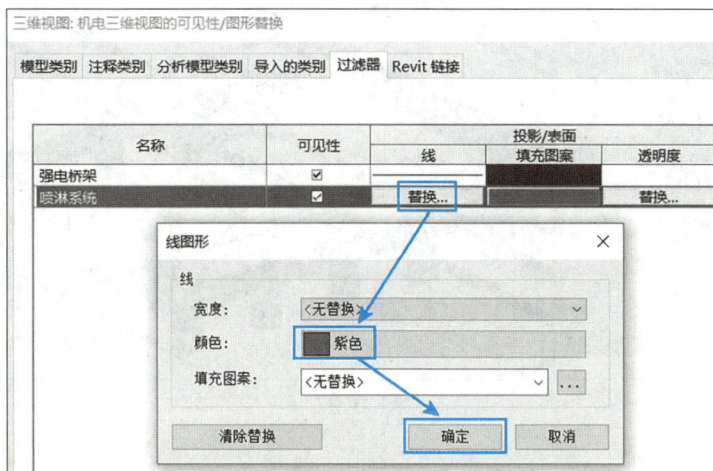

图 10-25

5. 风口高度的调整

风口高度调整方法和步骤如下：

（1）在机电三维视图中，任意选中一个风口→单击鼠标右键→"选择全部实例"→在"整个项目中"，即可选中全部风口，如图 10-26 所示。

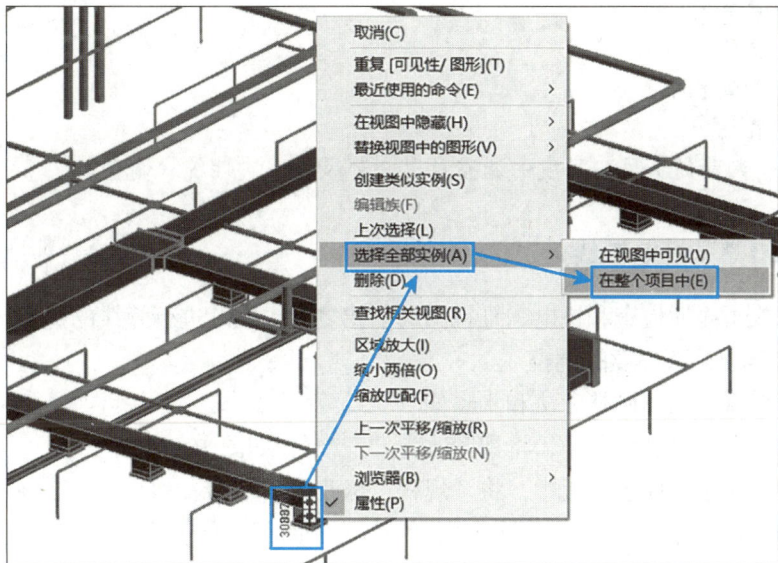

图 10-26

（2）在【属性】面板中，将"偏移量"修改为"2500.0"→【Enter】，即可完成全部风口的高度设定，如图 10-27 所示。

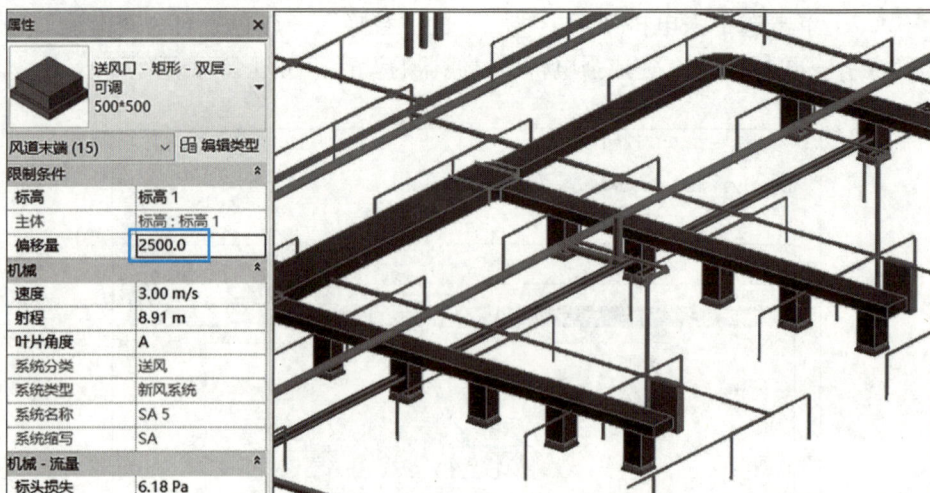

图 10-27

【随堂习题】

1.（单选题）复制机电三维视图时，以下说法正确的是（　　）。

A.应该选择"复制"

B.应该选择"带细节复制"

C.应该选择"复制作为相关"

D.应该选择"CO"

2.（多选题）关于喷淋系统过滤器设置，以下应该选择的选项有（　　）。

A.管道

B.管件

C.管道附件

D.喷头

3.（判断题）风口高度的调整可以全部风口一次性统一调整。（　　）

任务 10.3　机电管线分层优化

完成了碰撞检查和机电三维视图的创建之后，继续进行管线的优化。

1.电缆桥架高度的调整

电缆桥架高度调整方法和步骤如下：

（1）在项目浏览器中，将视图改为"三维"，如图 10-28 所示。

（2）在【属性】面板中，将"规程"修改为"结构"，如图 10-29 所示。

（3）单击【视图】选项卡→【图形】选项面板→单击【可见性/图形】按钮（快捷键"VV"或"VG"）。

（4）弹出【三维视图:{三维}的可见性/图形替换】对话框→【模型类别】标签→过滤器列表中勾选"结构"和"管道"→"可见性"栏里取消选中"楼板"→【确定】，如图 10-30 所示。

电缆桥架高度的调整

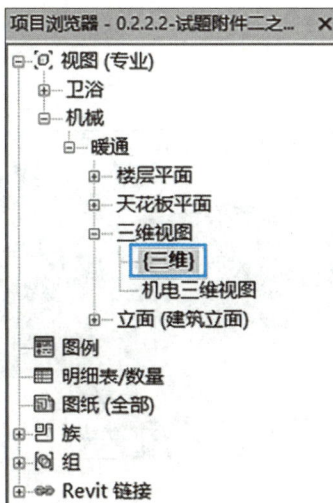
图 10-28

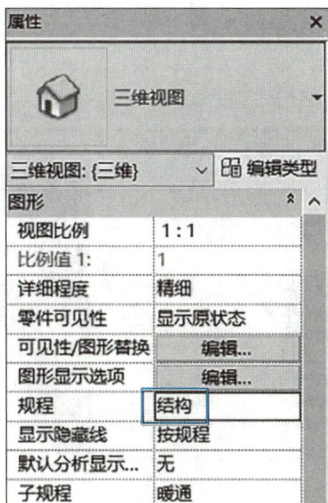
图 10-29

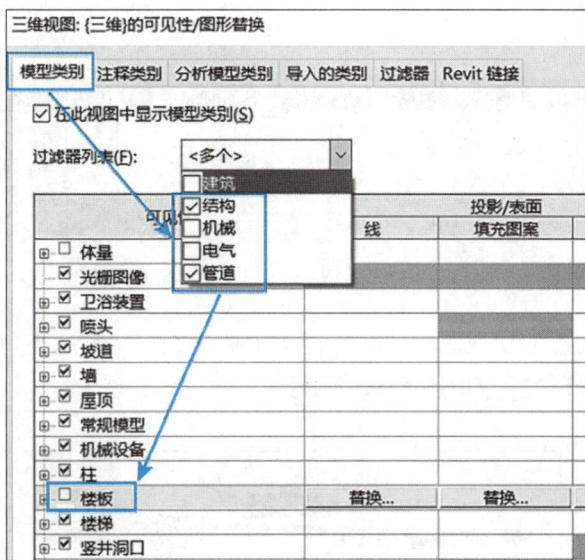
图 10-30

（5）【注释】选项卡→【高程点】→沿着电缆桥架的路由依次检查相遇梁的底标高，得到梁的最低点标高为 3.65m，如图 10-31 所示。

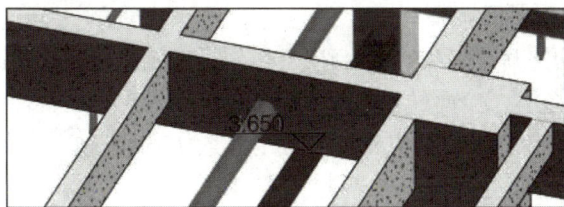
图 10-31

（6）选中一段电缆桥架，在"选项栏"中，将偏移量改为"3500.0"，如图 10-32 所示。

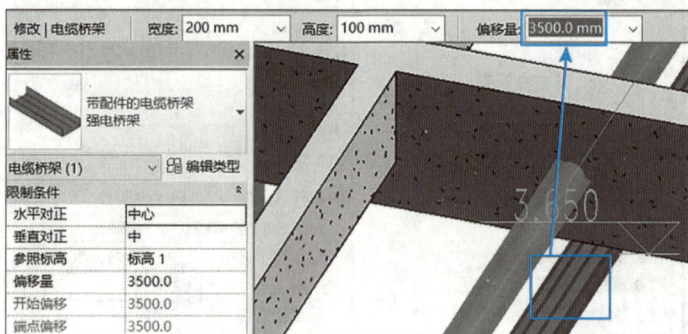

图 10-32

（7）单击【修改|电缆桥架】→【视图】选项面板→【选择框】 按钮，如图 10-33 所示。

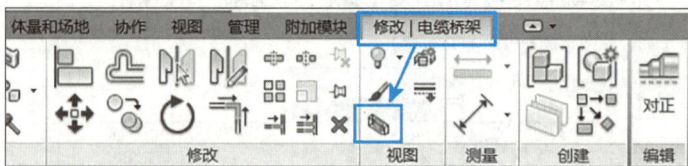

图 10-33

（8）进入局部剖切视图→"Shift 键 + 鼠标滚轮"调整适当角度，观察电缆桥架与梁底是否碰撞，如图 10-34 所示。

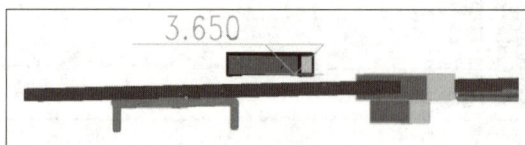

图 10-34

（9）在【属性】面板中，取消勾选"剖面框"，退出局部剖切视图，如图 10-35 所示。

2. 消火栓管高度的调整

消火栓管高度的调整方法基本与电缆桥架高度调整的方法相同。依据"水下电上"的原则，将消火栓管置于电缆桥架下方。消火栓管道管径 $DN150$，电缆桥架的标高是 3.5m，因此，将消火栓管的高度调整为 3300mm，如图 10-36 所示。

3. 喷淋管道高度的调整

喷淋管道管径 $DN40$，将消火栓管的高度调整为 3100mm，如图 10-37 所示。

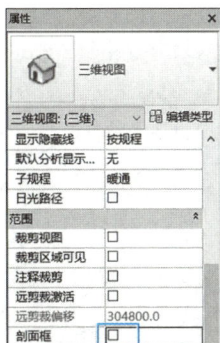

图 10-35

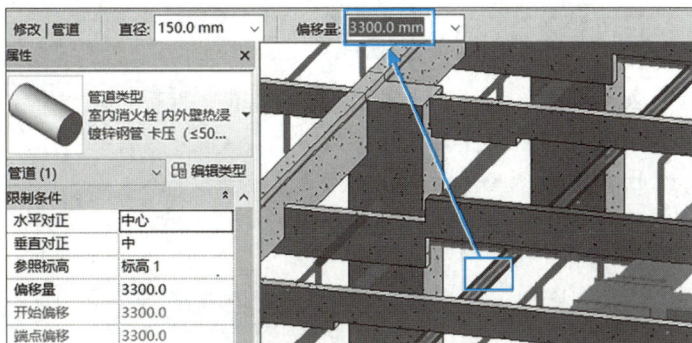

图 10-36

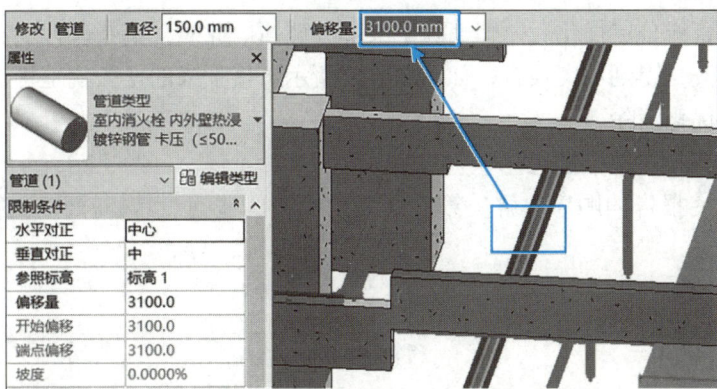

图 10-37

4. 风管高度的调整

将风管高度调整为 2800mm，如图 10-38 所示。

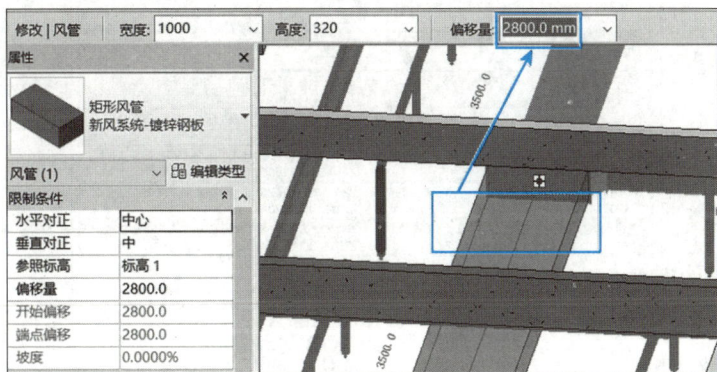

图 10-38

【随堂习题】

1.（单选题）关于机电管线分层优化，以下不正确的是（ 　　 ）。

A. 包括电缆桥架高度的调整

B. 包括消火栓管高度的调整

C.包括喷淋管道高度的调整

D.包括排水管道高度的调整

2.（多选题）关于机电管线分层优化，以下正确的有（　　　）。

A.结构梁应置于电缆桥架下方

B.消火栓管应置于电缆桥架下方

C.喷淋管应置于消火栓管下方

D.风管应置于喷淋管下方

3.（判断题）风管高度应不低于吊顶高度。（　　　）

任务 10.4　同专业碰撞检查与优化

完成管线分层优化后，即消除了大部分碰撞。此时，重新进行一次同专业的碰撞检查，得到冲突报告，如图 10-39 所示。接下来的任务就是将这些碰撞一一进行优化消除。

1.消火栓箱的碰撞优化

按冲突报告的顺序，解决第 1 处消火栓箱的碰撞。具体操作方法和步骤如下：

冲突报告

冲突报告项目文件：H:\01-Working（2024.10.16）\08-课程建设\07-教材建设\BIM管线综合\.rvt文件\模块4单元2-碰撞检查（完成机电管线分层优化）.rvt
创建时间：2025年6月1日 13:40:15
上次更新时间：

	A	B
1	管道：管道类型：自动喷水灭火 内外壁热浸镀锌钢管 丝扣（≤50）沟槽（＞50）- 标记 56849：ID 715920	管道：管道类型：自动喷水灭火 内外壁热浸镀锌钢管 丝扣（≤50）沟槽（＞50）- 标记 79470：ID 716975
2	管道：管道类型：自动喷水灭火 内外壁热浸镀锌钢管 丝扣（≤50）沟槽（＞50）- 标记 56930：ID 716249	管件：三通_镀锌钢_沟槽：标准 - 标记 RFS-D2-7812：ID 716253
3	管件：弯头_镀锌钢_丝扣：标准 - 标记 RFS-D2-7953：ID 716726	管道：管道类型：自动喷水灭火 内外壁热浸镀锌钢管 丝扣（≤50）沟槽（＞50）- 标记 79470：ID 716975
4	管件：三通_镀锌钢_沟槽：标准 - 标记 RFS-D2-27012：ID 716963	管件：三通_镀锌钢_沟槽：标准 - 标记 RFS-D2-27001：ID 717017
5	机械设备：消火栓：消火栓 - 标记 RFS-D2-453：ID 717003	管件：弯头_镀锌钢_沟槽：标准 - 标记 RFS-D2-27160：ID 717058
6	机械设备：消火栓：消火栓 - 标记 RFS-D2-454：ID 717010	管件：弯头_镀锌钢_沟槽：标准 - 标记 RFS-D2-27162：ID 717060
7	机械设备：消火栓：消火栓 - 标记 RFS-D2-455：ID 717031	管件：弯头_镀锌钢_沟槽：标准 - 标记 RFS-D2-27011：ID 717044
8	管件：弯头_镀锌钢_沟槽：标准 - 标记 RFS-D2-27011：ID 717044	管件：弯头_镀锌钢_沟槽：标准 - 标记 RFS-D2-27015：ID 717046

冲突报告结尾

图 10-39

（1）在【冲突报告】对话框中，单击选中第 1 处的碰撞的其中 1 个图元→单击【显示】按钮→所选中的碰撞图元在三维视图中会高亮显示→调整三维视图的角度和大小，如图 10-40 所示。

（2）寻找碰撞点或碰撞原因。转到平面视图→在"视图控制栏"中将图形显示比例修改为 1：1，详细程度改为"精细"，视觉样式改为"隐藏线"→【修

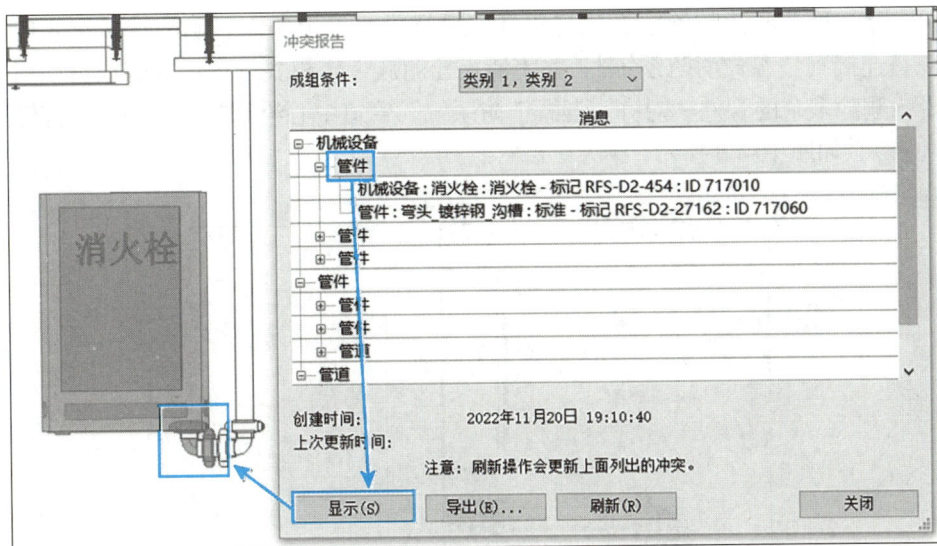

图 10-40

改|机械设备】选项卡→【模式】选项面板→【编辑族】按钮，如图 10-41 所示。

（3）在打开的消火栓箱族编辑模式中，单击选中消火栓箱侧面左侧或右侧的管道连接件，可在【属性】面板"系统分类"中看到，该管道连接件的系统分类为"湿式消防系统"，如图 10-42 所示。

（4）在打开的消火栓箱族编辑模式中，单击选中消火栓箱底部左侧或右侧的管道连接件，可在【属性】面板"系统分类"中看到，该管道连接件的系统分类为"循环供水"，如图 10-43 所示。

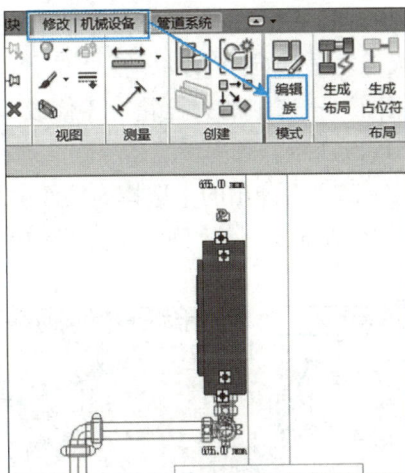

图 10-41

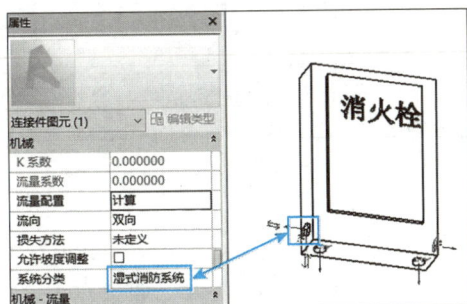

图 10-42

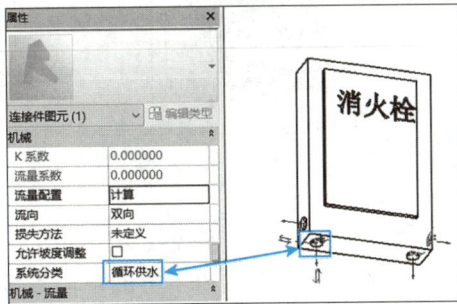

图 10-43

（5）目前，消防给水管道连接在"循环供水"上，而正确的连接方式应该是连接到"湿式消防系统"。关闭消火栓箱族编辑模式视图，回到项目视图中，删除多余的管件→对齐"湿式消防系统"管道中心绘制参照平面（快捷键"RP"），如图 10-44 所示。

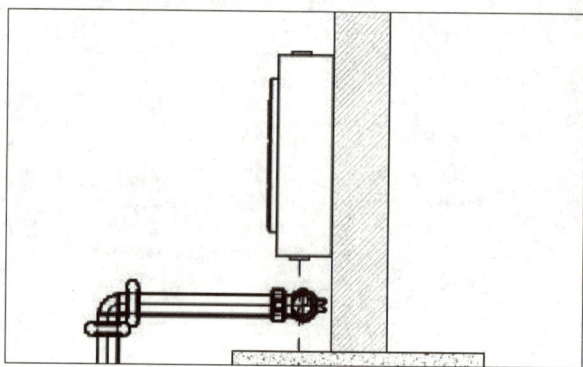
图 10-44

（6）使用【对齐】命令（快捷键"AL"），将管道与参照平面对齐→将消火栓箱适当向上移动一点儿位置，给管道留出足够的空间→转到"机电三维视图"→选中消火栓箱→【修改|机械设备】→【布局】→【连接到】，如图 10-45 所示。

（7）在弹出的【选择连接件】对话框中，选择"连接件 1：湿式消防系统：圆形：65mm"→【确定】，如图 10-46 所示。

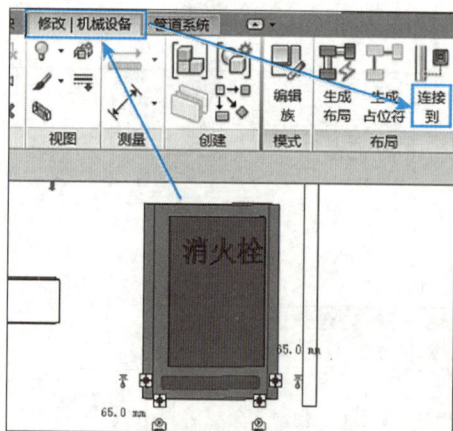
图 10-45

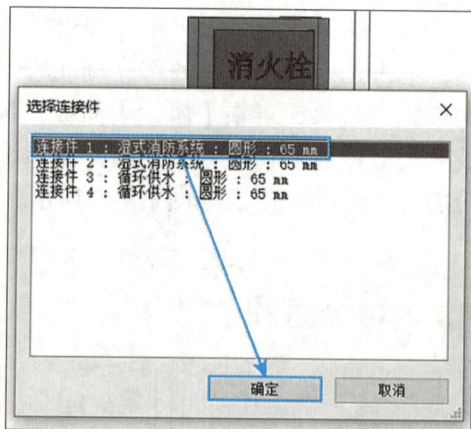
图 10-46

（8）选中立管，连接成功，如图 10-47 所示。

（9）单击选中三通下方的一段管段→【Delete】→单击选中三通→点击下方的"-"号，将三通降级为弯头，如图 10-48 所示。

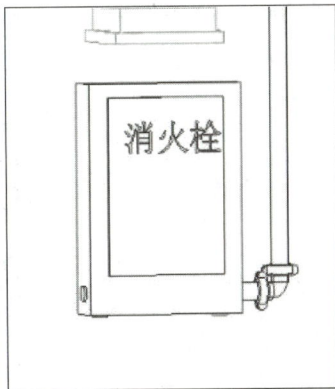

图 10-47　　　　　　　　　图 10-48

（10）在【冲突报告】对话框点击【刷新】，如图 10-49 所示。对照刷新前的冲突报告，可以看到"机械设备"下 3 组管件的冲突变为了 2 组，说明我们通过上述的操作，成功解决了一处碰撞。

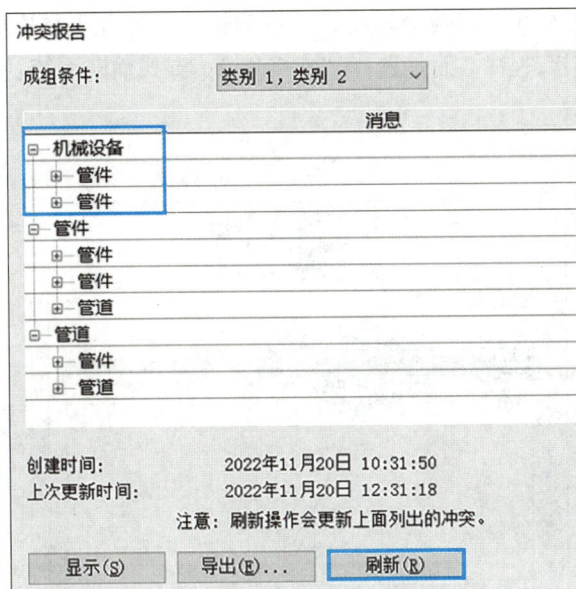

图 10-49

2. 消火栓箱 2 的碰撞优化

消火栓箱 2 与消火栓箱 1 都是右侧接入，所以，消火栓箱 2 的碰撞优化与消火栓箱 1 基本相同，具体优化方法可参见消火栓箱 1 的操作步骤。

在进行管道与消火栓箱对齐操作的时候，如果在平面视图中操作不便，也可以转到适当的立面视图去操作，例如，消火栓 1 和消火栓 2 可以到南立面视图中去调整，如图 10-50 所示。

139

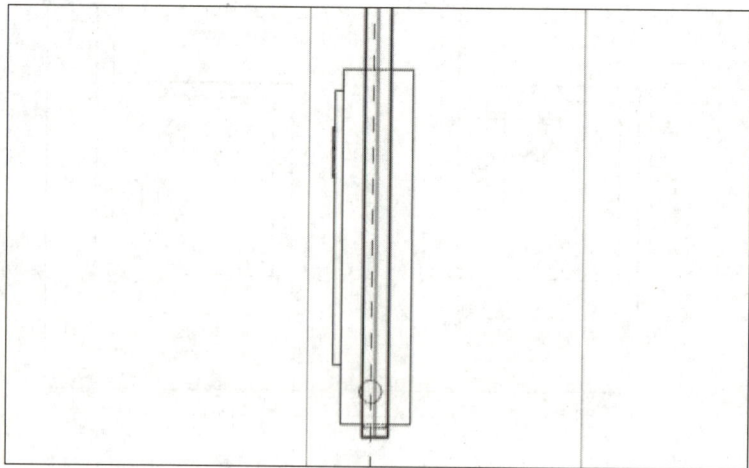

图 10-50

3. 消火栓箱 3 的碰撞优化

消火栓箱 3 的碰撞优化与前两个消火栓箱也基本相同，唯一不同的是第 3 个消火栓箱的接入点与前两个相反，是左侧接入。因此，在连接时需要注意，不再是选择"连接件 1"，而是选择"连接件 2：湿式消防系统：圆形：65mm"，如图 10-51 所示。

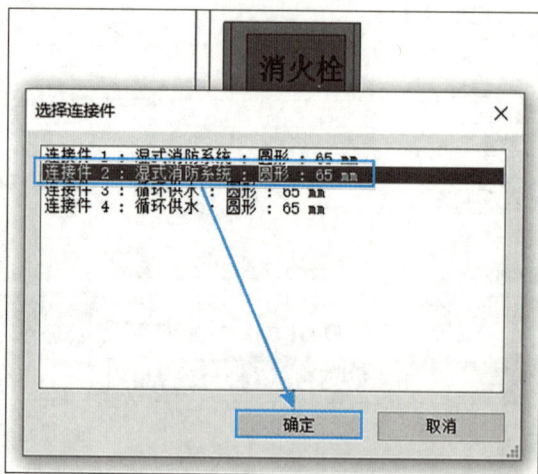

图 10-51

4. 三通与三通的碰撞优化

完成上述消火栓箱的碰撞优化之后，在【冲突报告】对话框点击【刷新】，可以看到"机械设备"的冲突已经解决了，接下来继续进行"管件"的碰撞优化，具体操作方法和步骤如下：

（1）在【冲突报告】对话框中，单击选中第 1 处碰撞的其中 1 个图元→单击【显示】按钮→所选中的碰撞图元在三维视图中会高亮显示→调整三维视图的角度和大小，如图 10-52 所示。

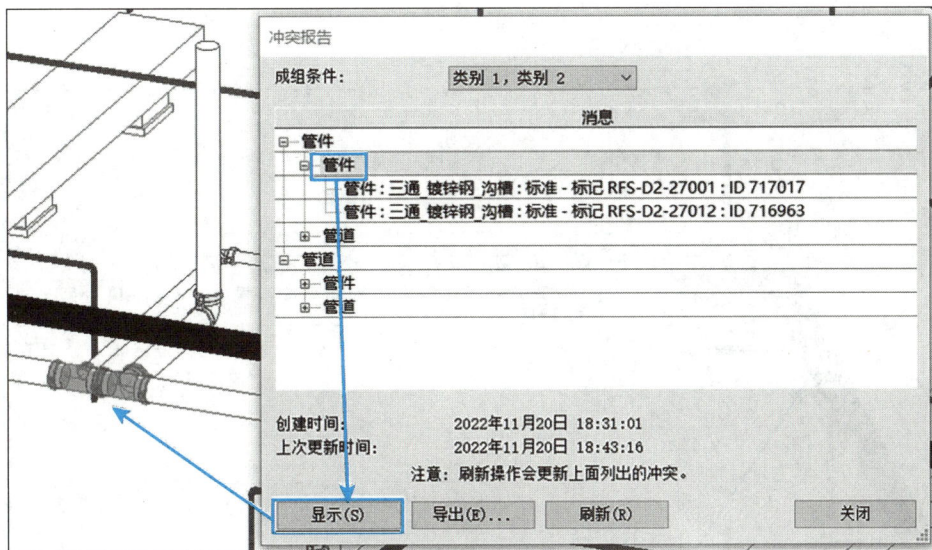

图 10-52

（2）冲突报告中显示碰撞的图元是两个三通，通过观察判断，碰撞的原因是两个三通距离过小，因此，优化方法是移动三通，加大二者之间的距离。

（3）选中其中一个三通→用方向键进行调整→在【冲突报告】对话框中点击【刷新】按钮，可以看到，该冲突已经解决，如图 10-53 所示。

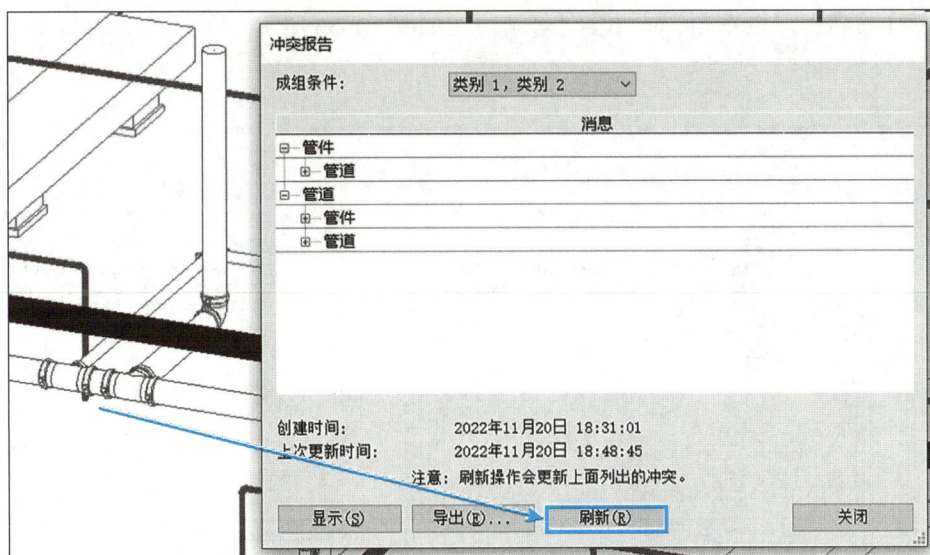

图 10-53

141

5. 弯头与管道的碰撞优化

管件的碰撞优化，具体操作方法和步骤如下：

（1）在【冲突报告】对话框中，单击选中第 1 处碰撞的"管道"图元→单击【显示】按钮，如图 10-54 所示。

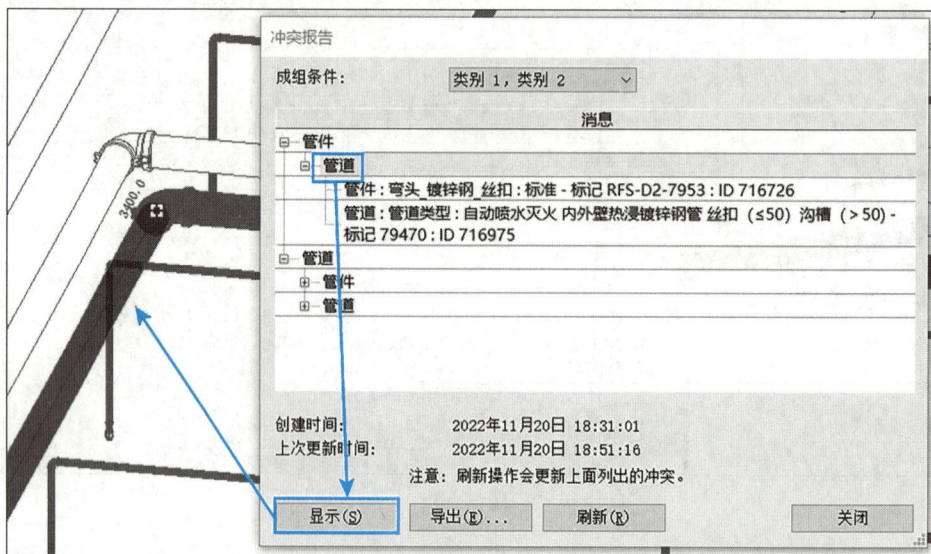

图 10-54

（2）转到平面视图，如图 10-55 所示。

（3）选中管道→用方向键进行调整→在【冲突报告】对话框中点击【刷新】按钮，可以看到，该冲突已经解决，如图 10-56 所示。

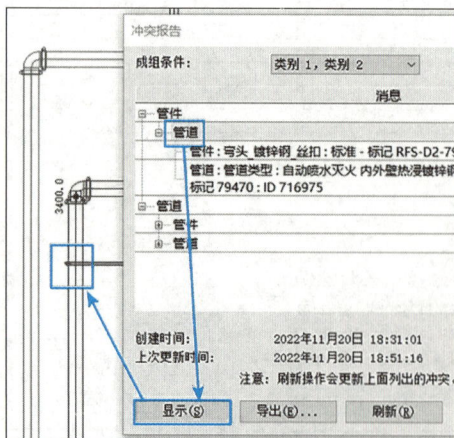

图 10-55

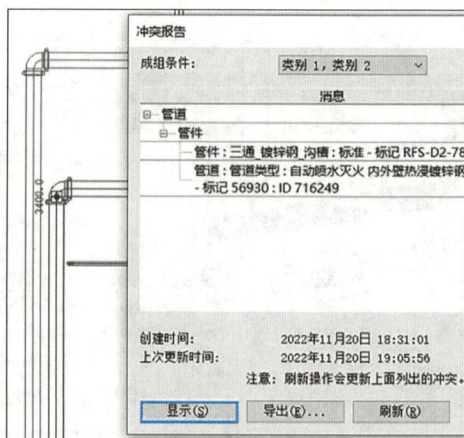

图 10-56

6. 三通与过渡件的碰撞优化

三通与过渡件的碰撞优化，具体操作方法和步骤如下：

（1）在【冲突报告】对话框中，单击选中第 1 处的碰撞的"管件"图元→单击【显示】按钮，如图 10-57 所示。

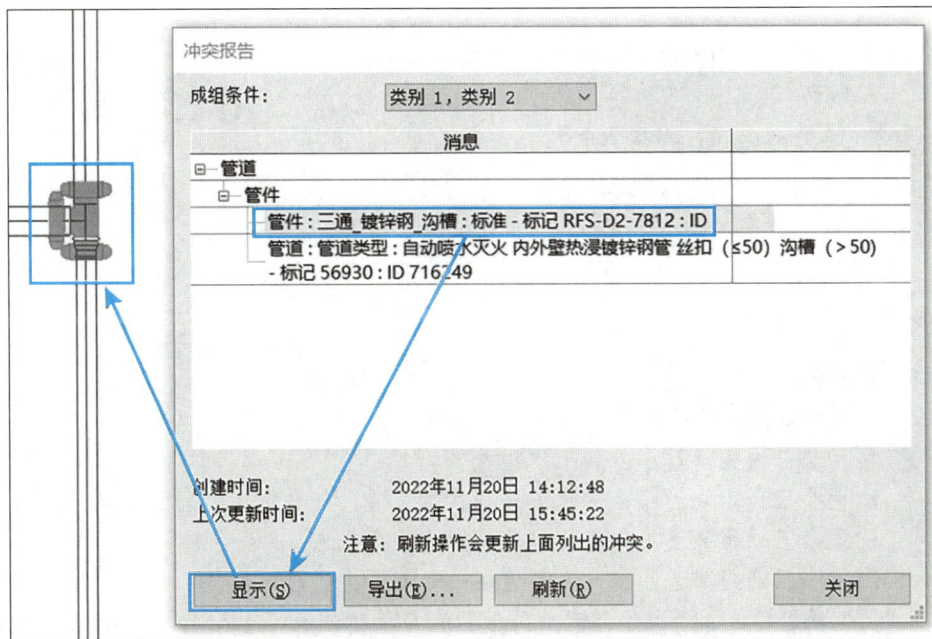

图 10-57

（2）经检查判断，确定碰撞的原因是变径管距离三通太近。选中三通和变径管→删除，如图 10-58 所示。

（3）选中上方管道端点，向下拖拽，超过横向管道一定长度→选中横向管道端点，向右拖拽→连接到竖向管道，形成三通，如图 10-59 所示。

（4）拖拽下方管道端点，使之与三通下方的竖向管道端点相连，自动生成一个变径，如图 10-60 所示。

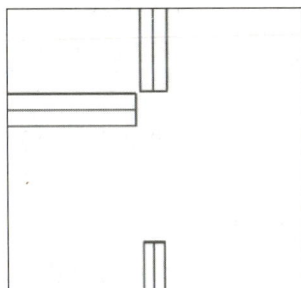

图 10-58

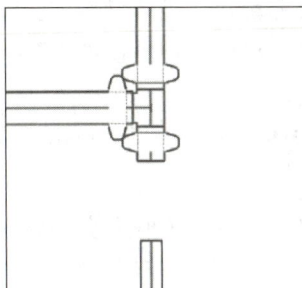

图 10-59

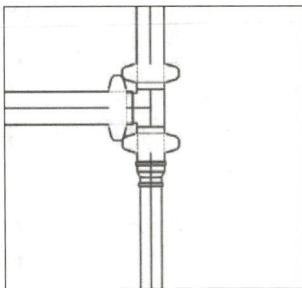

图 10-60

（5）在【冲突报告】对话框中点击【刷新】按钮，可以看到，冲突报告中显示空白，表示所有冲突均已解决。

（6）为了安全起见，可以重新再运行一次同专业碰撞检查，若有新的冲突出现，继续进行优化；若显示"未检测到冲突！"，则表示此部分碰撞检查优化工作完成，如图 10-61 所示。

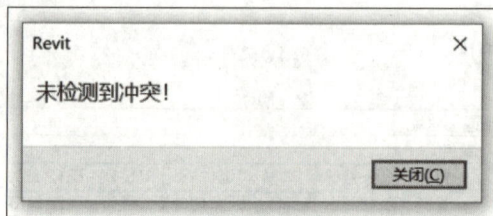

图 10-61

【随堂习题】

1.（单选题）关于同专业碰撞检查与优化，以下说法正确的是（　　）。

A. 两个三通距离过小，属于硬碰撞

B. 两个三通距离过小，优化方法是移动三通，加大二者之间的距离

C. 两个三通距离过小，优化方法是删除一个三通

D. 两个三通距离过小，只要不连在一起就不属于碰撞问题

2.（多选题）以下属于同专业碰撞检查与优化的有（　　）。

A. 消火栓箱的碰撞优化

B. 三通与三通的碰撞优化

C. 弯头与管道的碰撞优化

D. 消火栓管与结构梁的碰撞优化

3.（判断题）消火栓箱管道连接错误属于同专业碰撞问题。（　　）

任务 10.5　跨专业碰撞检查与优化

重新运行机电项目与结构框架之间的碰撞检查，并一一将之优化消除。

1.消火栓管与结构梁的碰撞优化

消火栓管与结构梁的碰撞优化，具体操作方法和步骤如下：

（1）在【冲突报告】对话框中，单击选中第 1 处碰撞，碰撞图元高亮显示，如图 10-62 所示。

（2）经判断，是管道与该梁距离太近→单击【向左】按钮，将该管道远离梁一些。

（3）在【冲突报告】对话框点击【刷新】，成功解决 1 处碰撞。

（4）在【冲突报告】对话框中，单击选中另 1 处碰撞，碰撞图元高亮显示，如图 10-63 所示。

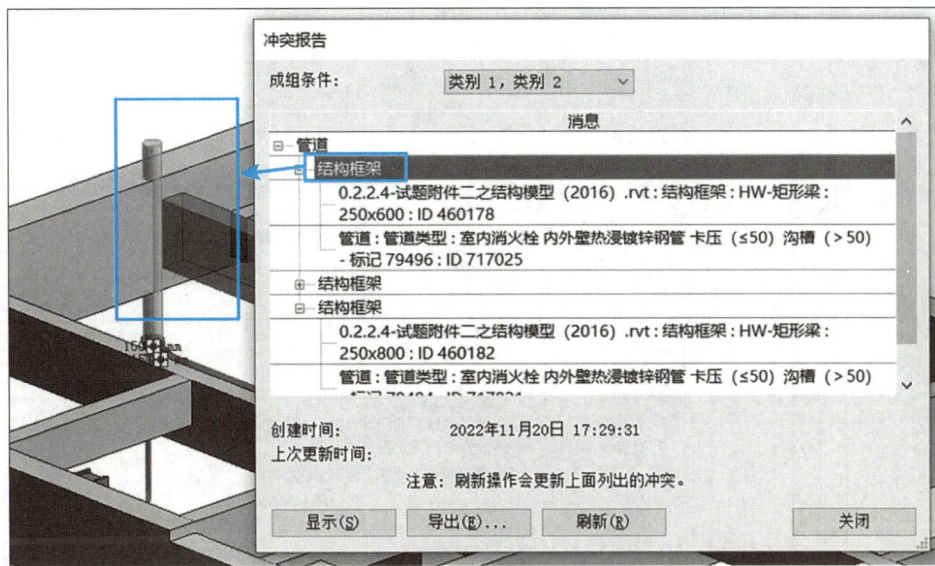

图 10-62

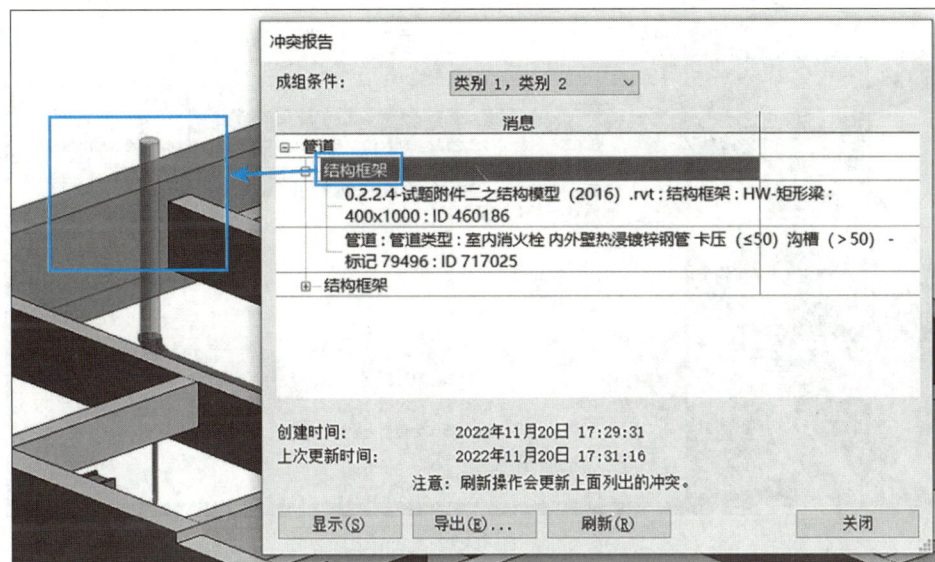

图 10-63

（5）转到平面视图，将管道移动远离上方的梁一定距离，在【冲突报告】对话框点击【刷新】，成功解决第 2 处碰撞，如图 10-64 所示。

2. 消火栓管与结构柱的碰撞优化

最后一处碰撞实际上是管道与梁和柱同时碰撞，如图 10-65 和图 10-66 所示。

145

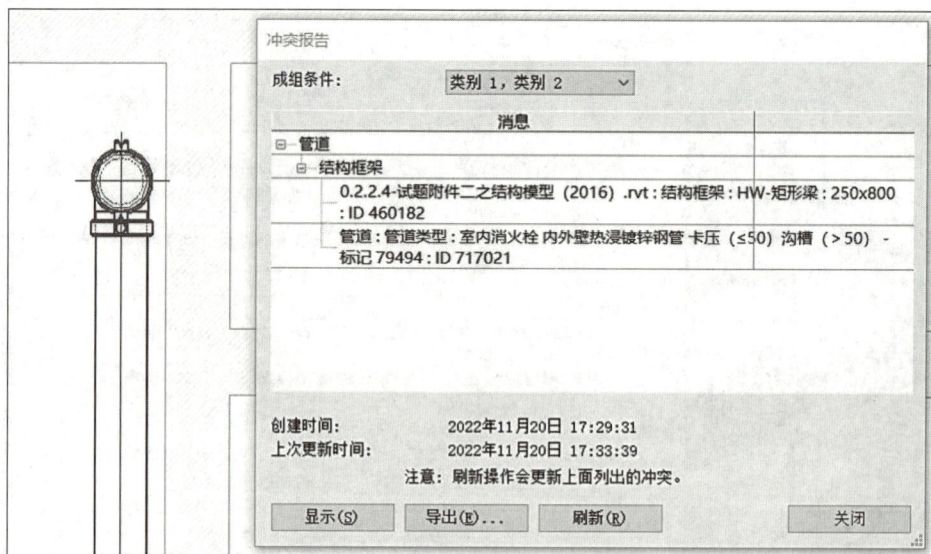

图 10-64

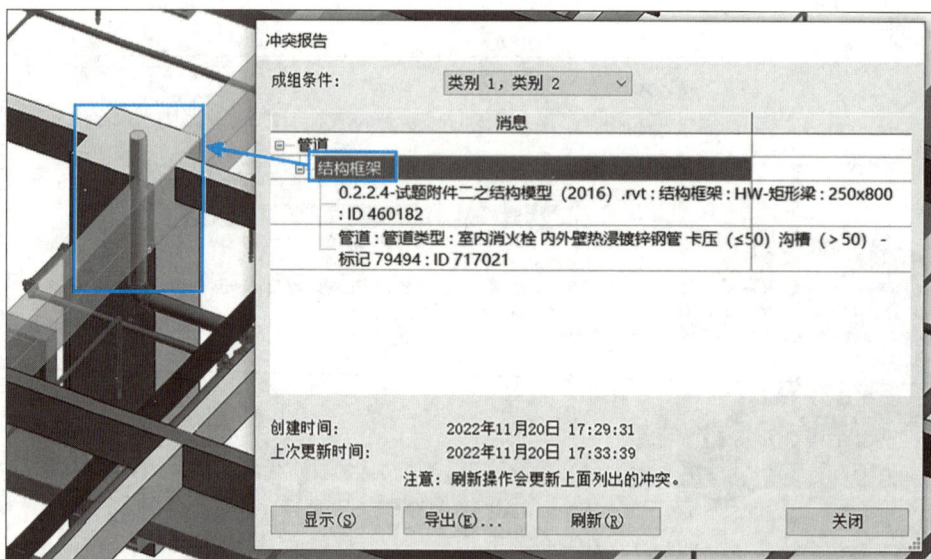

图 10-65

　　解决此处碰撞时需要注意，不能向左方移动管道，因为左方三通是我们之前刚刚解决的碰撞问题。因此，只能将管道向下移动。移动一定距离后，刷新碰撞报告，碰撞解除，优化完成。重新运行一次碰撞检查，未检测到冲突，碰撞检查优化结束。

　　真题中管线优化第（3）小题：管线高度不低于吊顶高度（2.5m）。由于我们在前面已经考虑到了这一问题，在优化过程中，所有管线的高度都在 2.5m以上，所以此处不用再做工作。

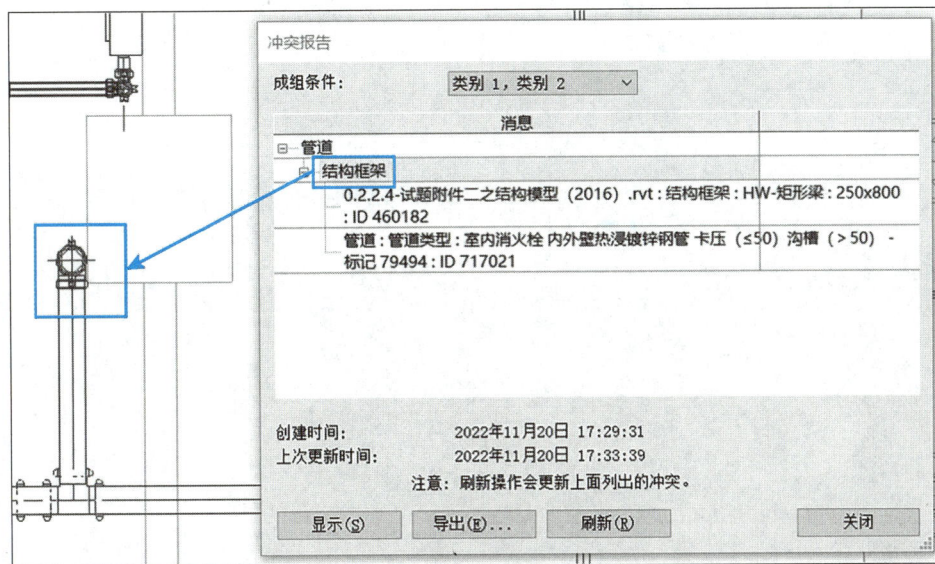

图 10-66

管线优化确认无误后，将优化成果按要求命名并保存，即完成了整个碰撞检查。

【随堂习题】

1.（单选题）关于跨专业碰撞，以下说法正确的是（　　　）。

A. 跨专业碰撞一定是硬碰撞

B. 跨专业碰撞一定是软碰撞

C. 跨专业碰撞既可能是硬碰撞，也可能是软碰撞

D. 跨专业碰撞既不是硬碰撞，也不是软碰撞

2.（多选题）关于跨专业碰撞，以下说法正确的有（　　　）。

A. 消火栓管与结构梁的碰撞，属于跨专业碰撞

B. 消火栓管与结构梁的碰撞，属于同专业碰撞

C. 消火栓管与结构柱的碰撞，属于跨专业碰撞

D. 消火栓管与结构柱的碰撞，属于同专业碰撞

3.（判断题）门窗开启半径与管线碰撞属于软碰撞，也属于跨专业碰撞。（　　　）

【模块 3 思考题】

1. 碰撞检查的意义有哪些？

2. 碰撞检查的作用是不是仅限于设计和施工阶段？在运维阶段是否也有重要的作用？

3. 关于"碰撞检查是 BIM 技术中易产生价值的功能"这句话，你如何理解？

模块 4

MEP 族创建

【思维导图】

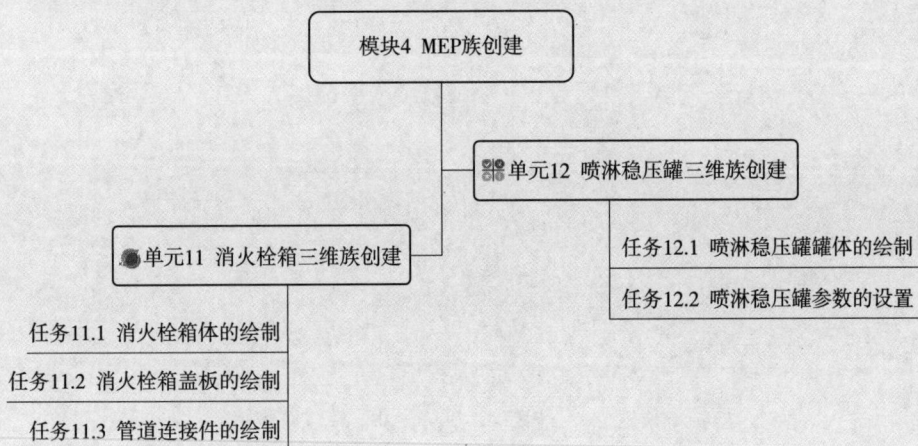

模块4 MEP族创建

单元12 喷淋稳压罐三维族创建

单元11 消火栓箱三维族创建

任务12.1 喷淋稳压罐罐体的绘制

任务12.2 喷淋稳压罐参数的设置

任务11.1 消火栓箱体的绘制

任务11.2 消火栓箱盖板的绘制

任务11.3 管道连接件的绘制

【知识目标】

（1）掌握消火栓箱图纸的识读方法和技巧；

（2）掌握喷淋稳压罐图纸的识读方法和技巧。

【能力目标】

（1）具备消火栓箱体绘制的能力；

（2）具备消火栓箱可变参数设置的能力；

（3）具备消火栓箱盖板及标识文字创建的能力；

（4）具备管道连接件创建及设置的能力；

（5）具备喷淋稳压罐罐体绘制的能力；

（6）具备标识文字绘制的能力；

（7）具备喷淋稳压罐可变参数设置的能力；

（8）具备罐体材质设置及管道连接件创建设置的能力。

【素质目标】

（1）培养学生适应环境、随机应变的意识；

（2）培养学生安全意识。

单元 11　消火栓箱三维族创建

本单元以《2020 年第五期"1+X"建筑信息模型（BIM）职业技能等级考试中级（建筑设备方向）实操试题第一大题：设备族创建》为实例进行讲解。在本单元中，简称为"真题"。

本题要求根据题目给出的图纸尺寸建立"消火栓灭火器一体箱"族，在箱盖表面添加模型文字，设置箱盖中间面板材质，设置箱体总高度、总宽度以及总厚度为可变参数，在箱体左侧添加管道连接件以及设定族的类别等。

消火栓灭火器一体箱是一个长方体空心箱子，分上下两层，前面有一个箱盖，箱盖上嵌玻璃并且注有文字，左边有一个管道连接件，如图 11-1 所示。

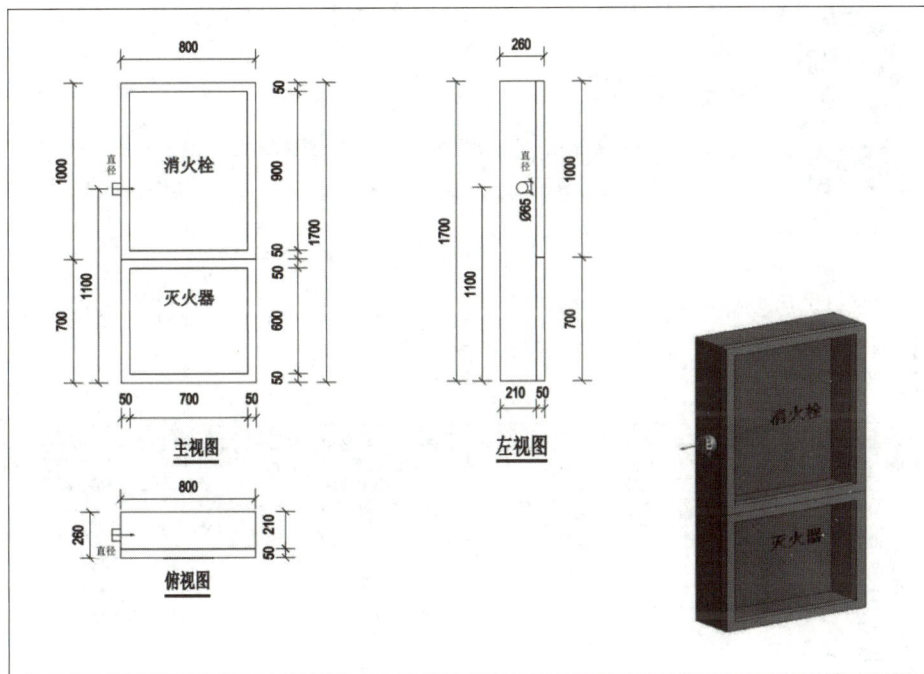

2020 年第五期"1+X"中级真题 – 消火栓箱

消火栓箱图纸的识读

图 11-1

根据题目要求，可知消火栓灭火器一体箱主体尺寸是可变的，图中宽度"700"、高度"1000"以及厚度"210"，都是可变的量。其余的量，如框的宽度"50"、下边灭火器高度"700"，前门厚度"50"，以及进水口高度"1100"等，这些量都是不可变的。我们需要对可变的量进行参数设置。

以上就是真题的一些具体要求和图形尺寸，下面我们开始进行绘制。

任务 11.1　消火栓箱体的绘制

1. 箱体主体的绘制

从图 11-1 的俯视图可以看出，箱体的宽度是"800"，厚度是箱体部分的"210"，再加上盖板部分的"50"。我们可以在参照标高平面绘制箱体俯视图的形状，再进行高度方向上的拉伸。箱体主体绘制的具体操作方法和步骤如下：

（1）新建一个族文件→在模型样板中选择"公制常规模型"→【打开】→将其命名为"消火栓灭火器一体箱"→保存，如图 11-2 所示。

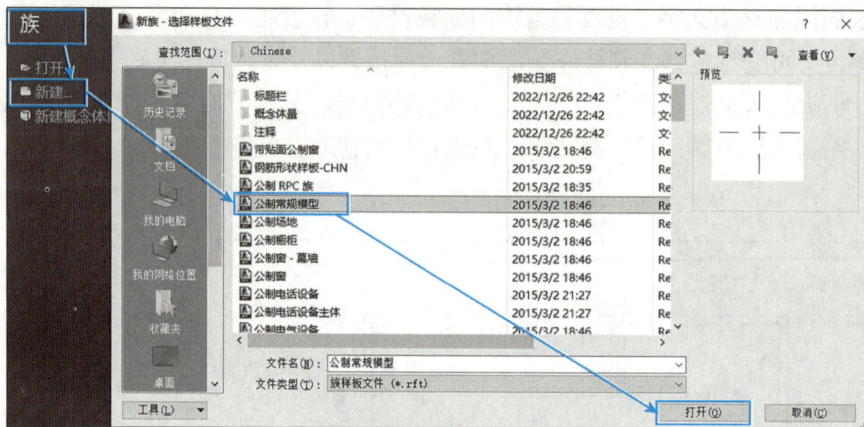

图 11-2

（2）之后要做一些可变参数的设置，为了便于观察当这些可变参数进行变化时图形如何随着进行变化，将视图界面调成如图 11-3 所示的状态。

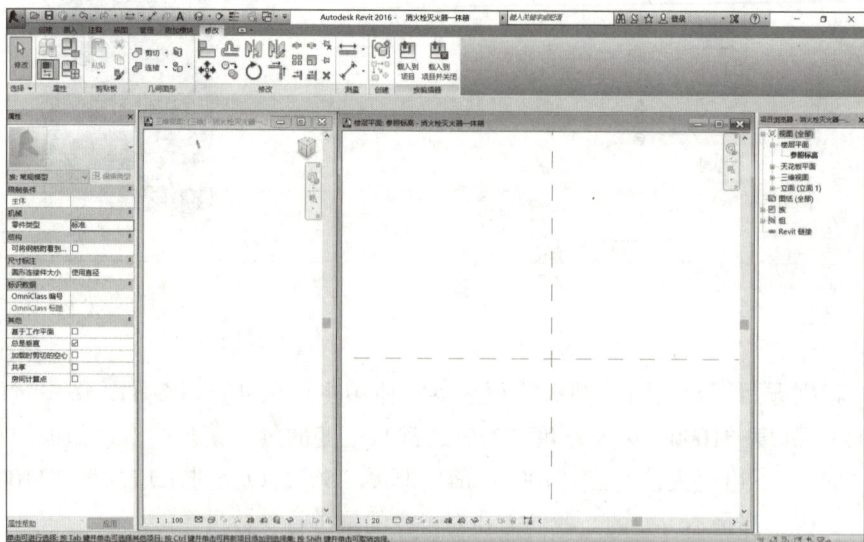

图 11-3

（3）转到【参照标高】平面→输入快捷键"RP"绘制参照平面→单击【修改｜放置　参照平面】选项卡→【绘制】面板→【拾取线】 按钮，在【选项】栏中偏移量输入"400"，左右各绘制出一竖直方向上的参照平面→在水平方向上绘制向上偏移"210"和向下偏移"50"的两个参照平面，如图 11-4 所示。

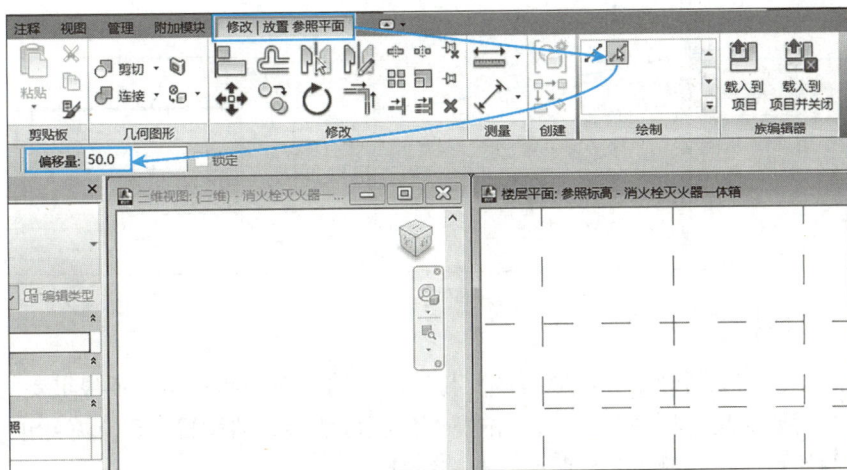

图 11-4

（4）因为真题中，考题 4 要求设置箱体总高度 H，总宽度 W，总厚度 E 为可变参数，所以我们要为可变参数的设置做一些准备，对模型进行尺寸标注，如图 11-5 所示。

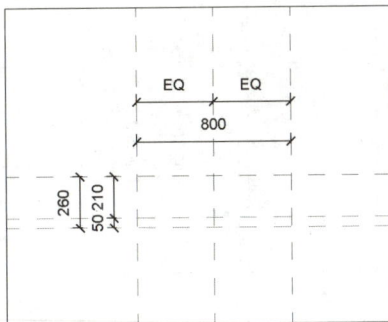

图 11-5

（5）单击【创建】选项卡→【形状】面板→【拉伸】按钮。

（6）单击【修改｜创建拉伸】选项卡→【绘制】面板→【矩形】 按钮→在【属性】栏的"限制条件"中设置：拉伸起点是"0.0"，拉伸终点是"1700.0"→绘制拉伸的矩形箱体形状→点击"锁"标识，将绘制好的"矩形箱体"与参照面约束在一起→单击【✔】按钮，如图 11-6 所示。

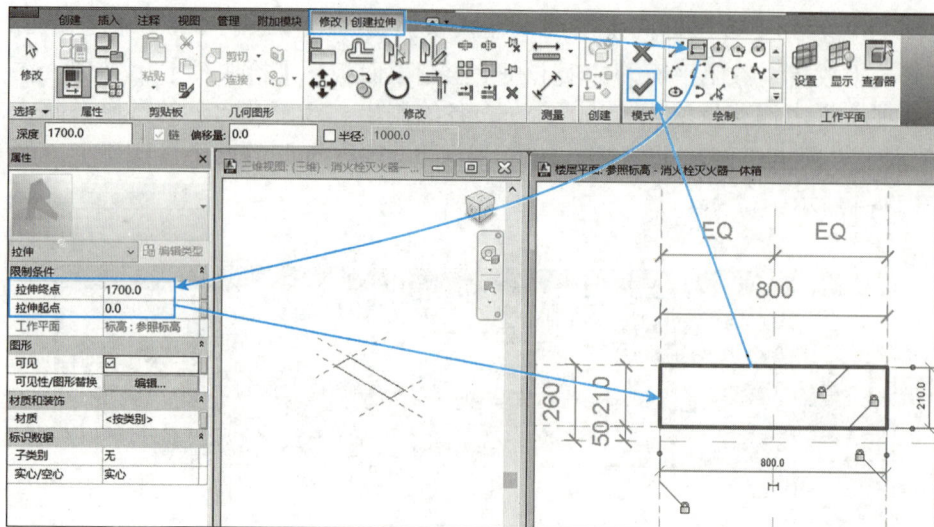

图 11-6

这里，把绘制好的"矩形箱体"与参照面约束在一起，是一步很重要的工作。之后要对尺寸标注为"800"的宽度进行可变参数的设置，建立好约束后，所绘制的箱体尺寸就会和参照面一起进行变化。

消火栓灭火器一体箱的主体部分轮廓绘制完成，如图 11-7 所示。

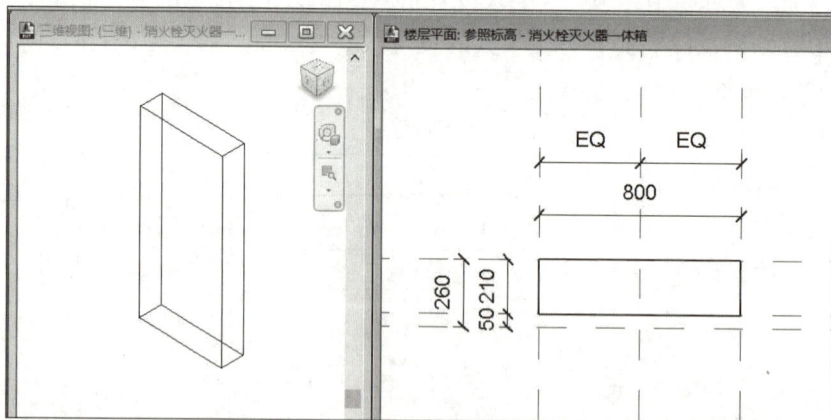

图 11-7

2. 可变参数的设置

下面我们来对箱体进行可变参数的设置，真题中考题 4 要求设置箱体总高度 H、总宽度 W、总厚度 E 为可变参数。图中尺寸标注"800"所对应的就是箱体的总宽度 W，先来对它进行可变参数的设置，具体设置方法和步骤如下：

（1）单击尺寸标注为"800"的尺寸线→点击【选项栏】中"标签"的下拉菜单，选择"添加参数"，如图 11-8 所示。

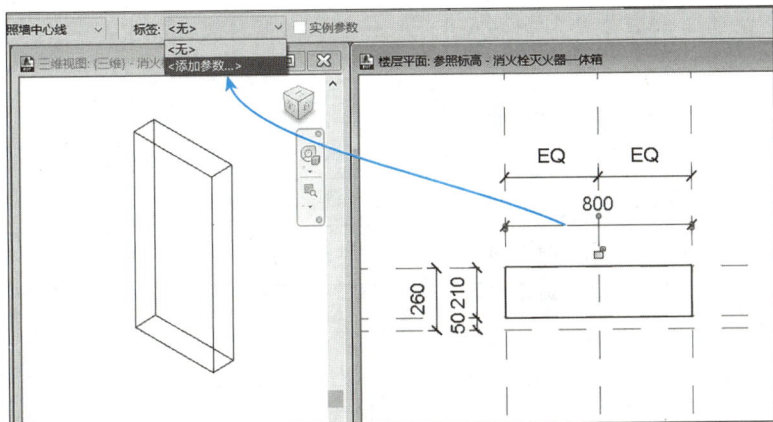

图 11-8

（2）弹出【参数属性】对话框→在"参数数据"中输入名称为"总宽度
W"，把"类型"改成"实例"→单击【确定】按钮，如图 11-9 所示。

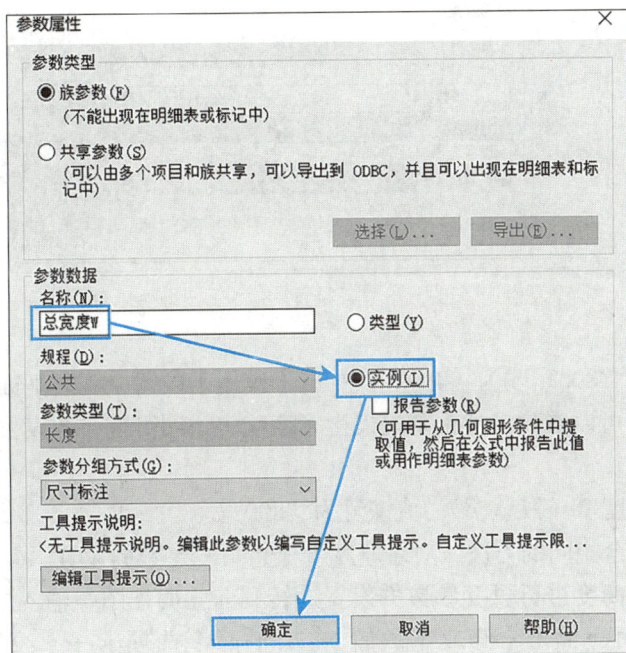

图 11-9

（3）图中原尺寸标注变成了"总宽度 W = 800"，这个参数就是一个可变
的参数，如图 11-10 所示。

那么，它到底是不是可变的呢？我们来验证一下。单击【修改】选项卡→
【属性】面板→【族类型】按钮→弹出【族类型】对话框→"尺寸标注"的参数
是"总宽度 W（默认）"、值是 800，这就是我们新添加的参数，如图 11-11 所示。

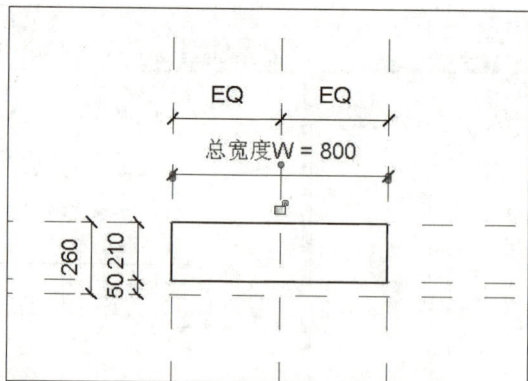

图 11-10

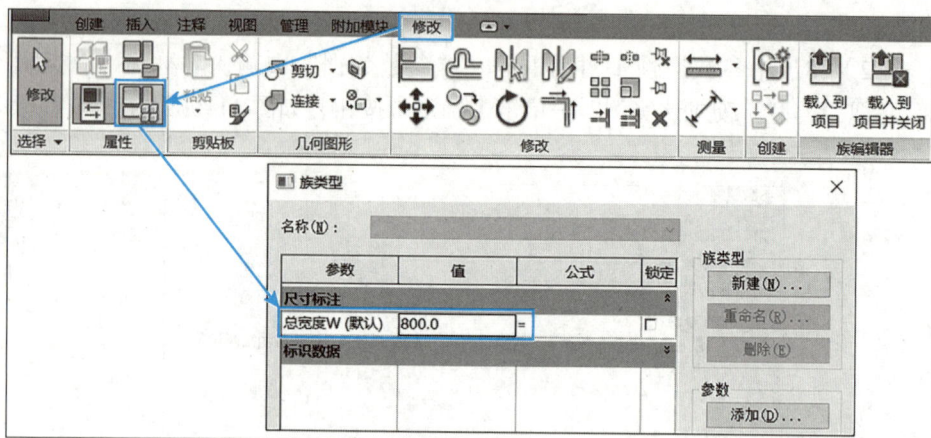

图 11-11

在这里将"800"改为"400"→单击【应用】按钮→观察平面视图和三维视图的变化，可以看到尺寸都随之发生了变化，说明可变参数设置成功了，如图 11-12 所示。

将"总宽度 W（默认）"的值恢复为"800"。

（4）用完全相同的方法，对总厚度 E 进行可变参数的设置。

（5）对总高度进行可变参数的设置。转到前立面视图→输入快捷键"RP"绘制参照平面→单击【修改 | 放置 参照平面】选项卡→【绘制】面板→【拾取线】按钮，在【选项】栏中偏移量输入"1700"→进行尺寸标注，如图 11-13 所示。

（6）单击【修改】选项卡→【修改】面板→【对齐】 选项按钮→单击刚刚绘制的参照平面→单击消火栓箱上缘→单击"锁" 将二者锁定，如图 11-14 所示。

（7）单击尺寸标注的尺寸线→点击【选项栏】中"标签"的下拉箭头，选择"添加参数"→弹出【参数属性】对话框→在"参数"中输入名称为"总高

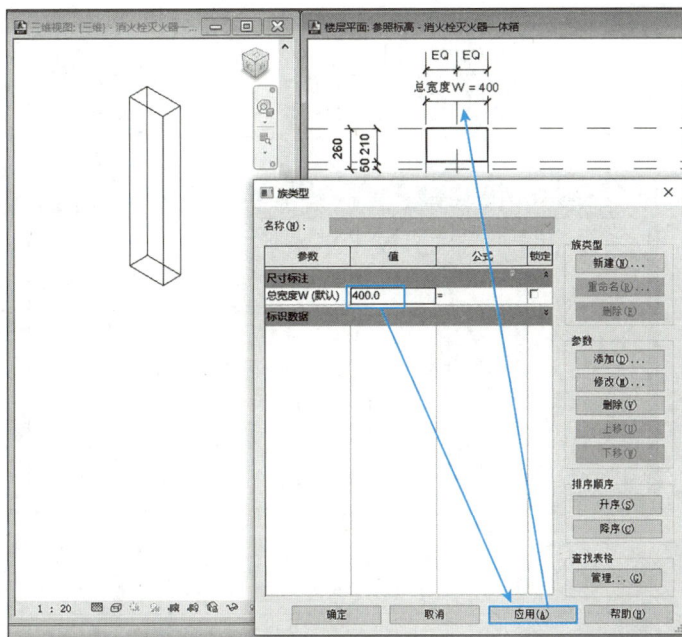

图 11-12

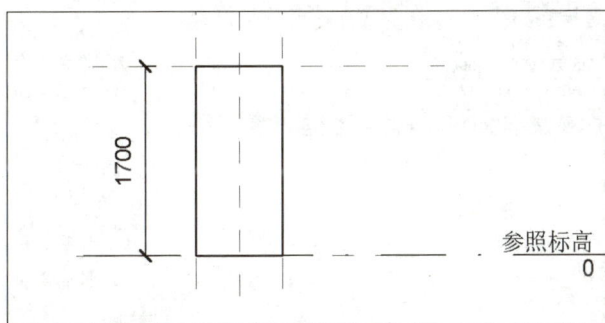

图 11-13

度 H（默认）"，把"类型"改成"实例"→单击【确定】按钮。

　　这样，就完成了消火栓箱三个维度的可变参数设定，设定结果可到【族类型】对话框中进行查看，如图 11-15 所示。

3. 箱体颜色的设置

　　我们对箱体的颜色进行设置，在真题中对箱体的材质并没有明确要求，那么就任意选择一种材质，然后把它设成红色就可以了，具体操作步骤如下：

　　（1）选中消火栓灭火器一体箱 →在【属性】面板的"材质和装饰"中，单击"材质"右边【材质浏览器】按钮，如图 11-16 所示。

　　（2）弹出【材质浏览器】对话框→单击下方的【创建并复制材质】按钮→选择"新建材质"，如图 11-17 所示。

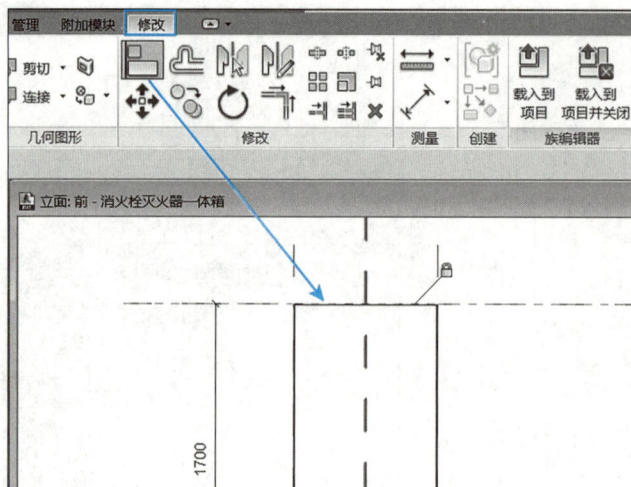

图 11-14

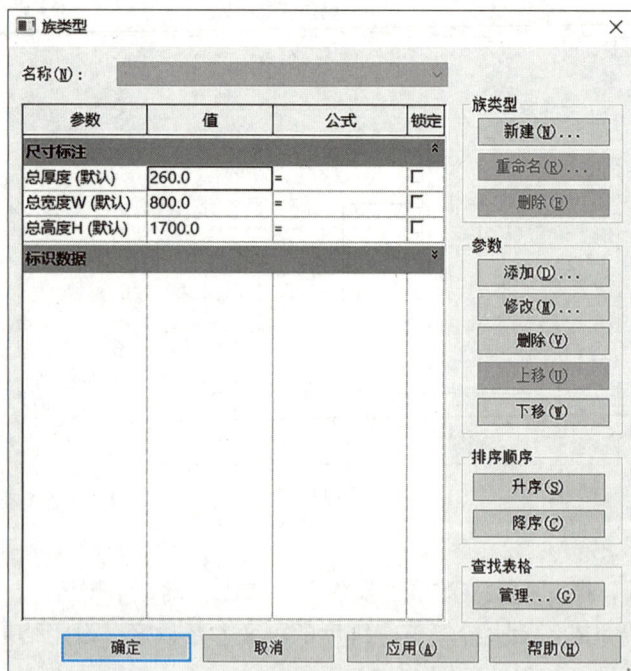

图 11-15

（3）右键点击刚刚新建的"默认为新材质"→选择"重命名"，定义为"箱体"，如图 11-18 所示。

（4）单击【材质浏览器】对话框的"外观"→"常规"中的【颜色】按钮，在弹出的【颜色】对话框里选择"红色"→单击【确定】按钮，如图 11-19 所示。

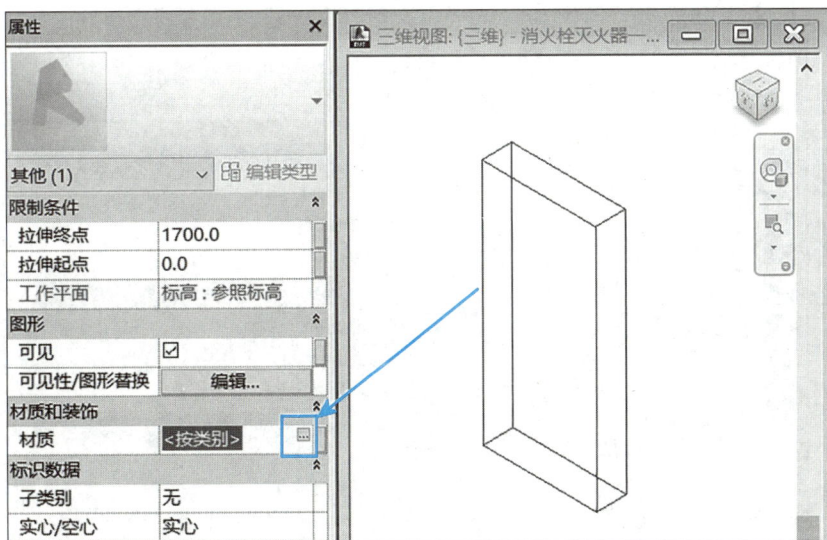

图 11-16

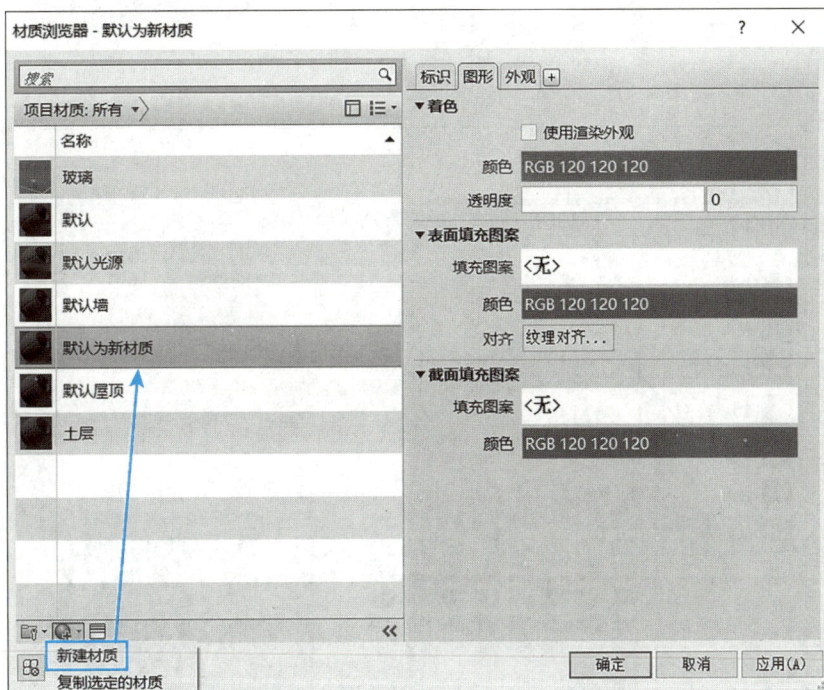

图 11-17

（5）单击【材质浏览器】对话框的"图形"标签→勾选"使用渲染外观"→单击【确定】按钮，如图 11-20 所示。

（6）单击【视图控制器】中【视觉样式】按钮→选择"真实"→这时，消火栓灭火器一体箱就变成了红色，如图 11-21 所示。

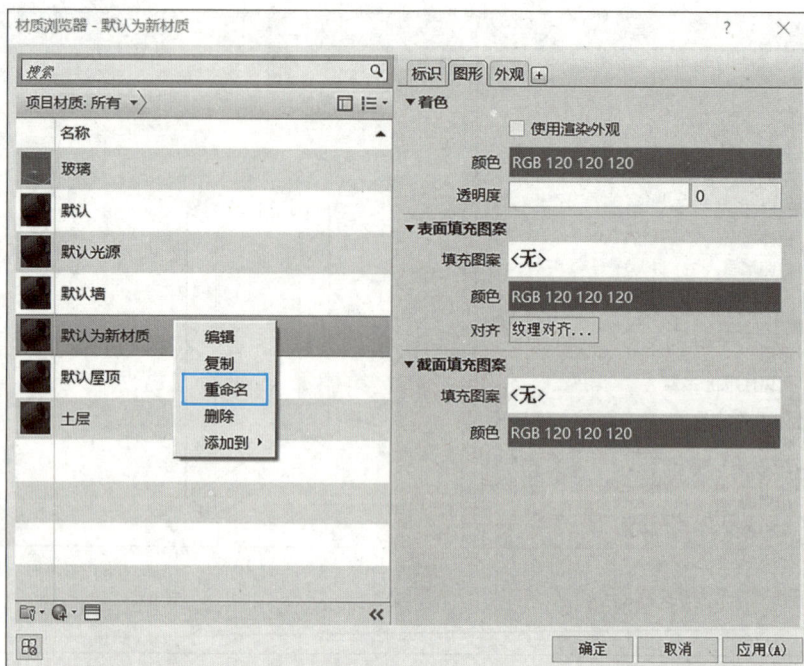

图 11-18

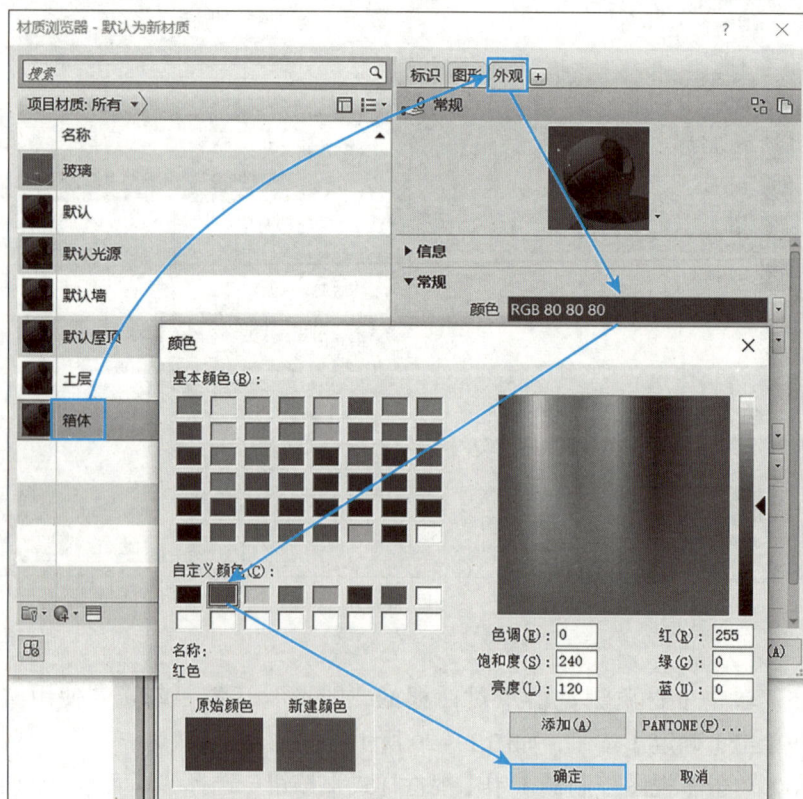

图 11-19

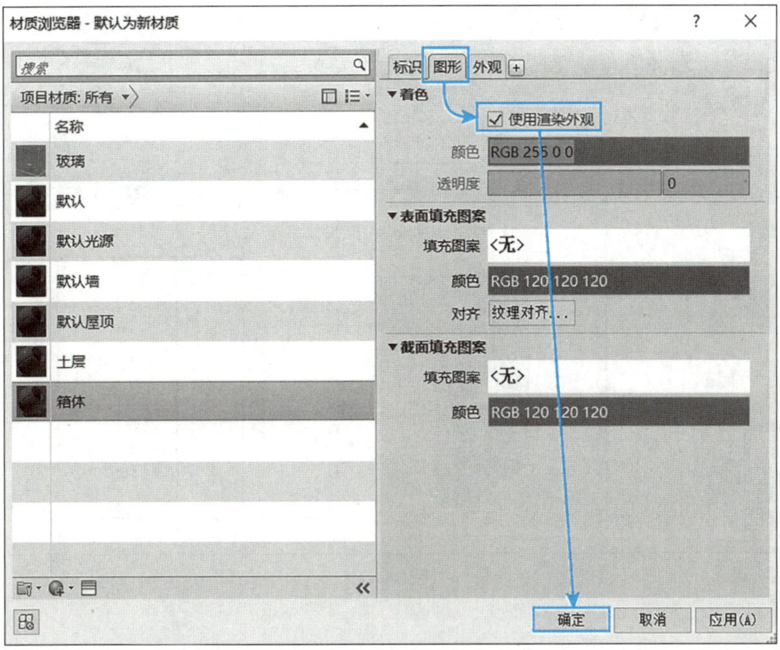

图 11-20

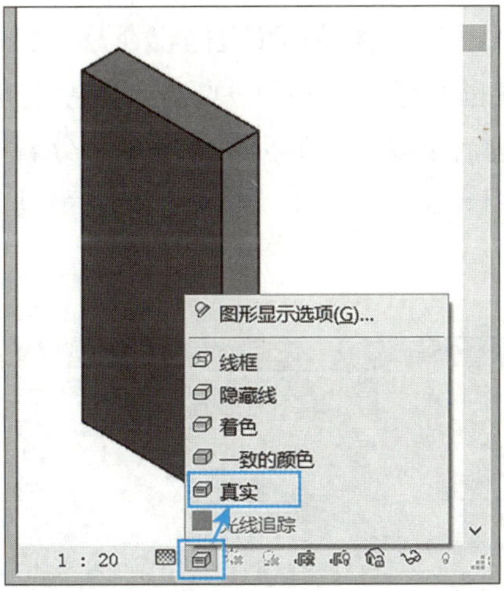

图 11-21

4. 箱体的挖空

我们知道消火栓灭火器一体箱是一个空心的箱体，所以要将实心箱体中间的部分挖空。箱体的厚度并没有给出，我们可以自己设定一个数值，设定为"20"。在前立面，对箱体进行挖空，可以采用空心拉伸命令来完成，具体操作方法和步骤如下：

（1）转到前立面视图→在高度为"700"的位置绘制一个参照平面→单击【创建】选项卡→【形状】面板→【空心形状】按钮→在弹出的下拉菜单中单击【空心拉伸】按钮，如图 11-22 所示。

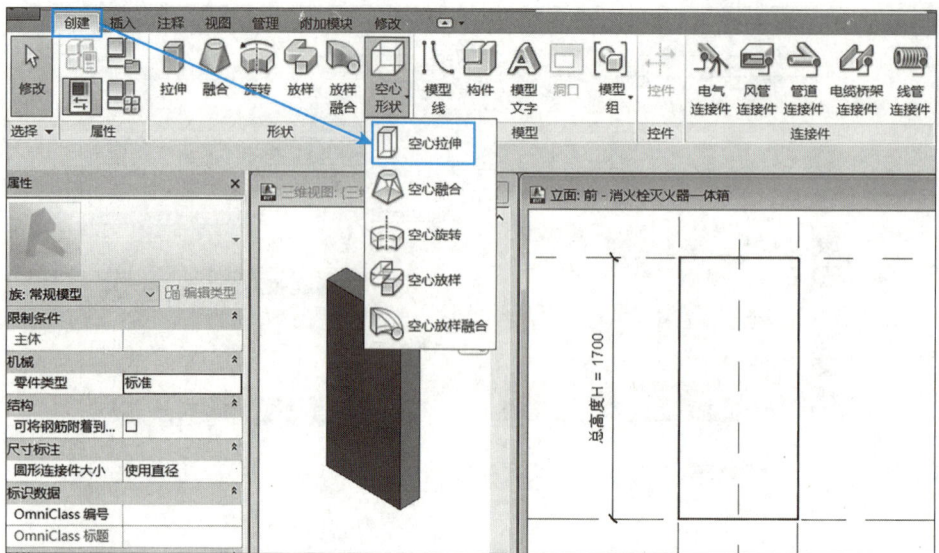

图 11-22

（2）单击【修改｜创建空心拉伸】选项卡→【绘制】面板→【矩形】▭
按钮→在【属性】栏的"限制条件"中设置：拉伸起点是"0.0"，拉伸终点是
"–190.0"（厚度设为 20，用箱体总厚度 210 减去 20 得到拉伸终点为 –190）→
【选项栏】中的偏移量也设置为"20"→点击箱体左上角点→按【空格键】使
偏移由向外偏移转化为向里偏移，捕捉箱体上半部分右下角点→再点击下半部
分箱体的两个相对角点→点击【模式】面板中的【✔】选项按钮，如图 11-23
所示。

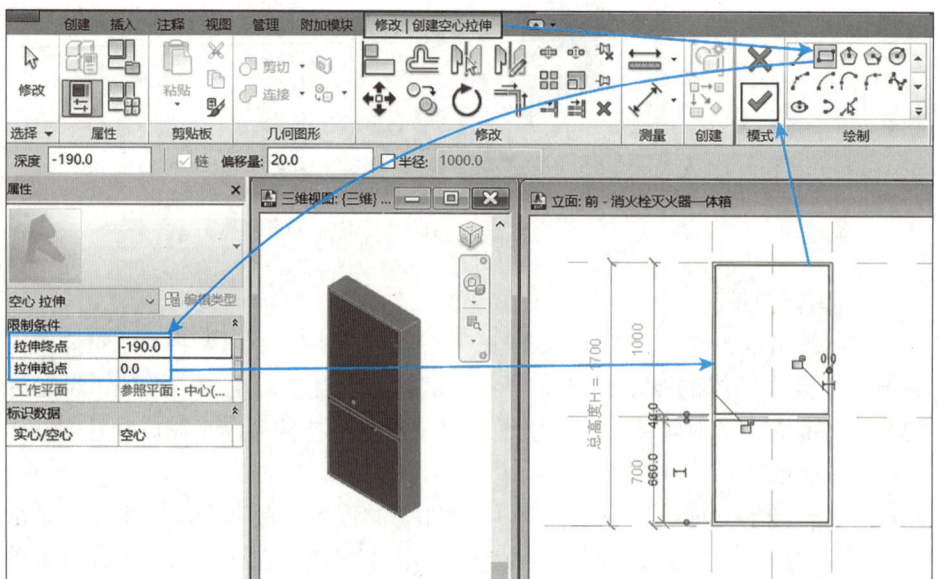

图 11-23

这样，消火栓灭火器一体箱的箱体就绘制出来了，如图 11-24 所示。

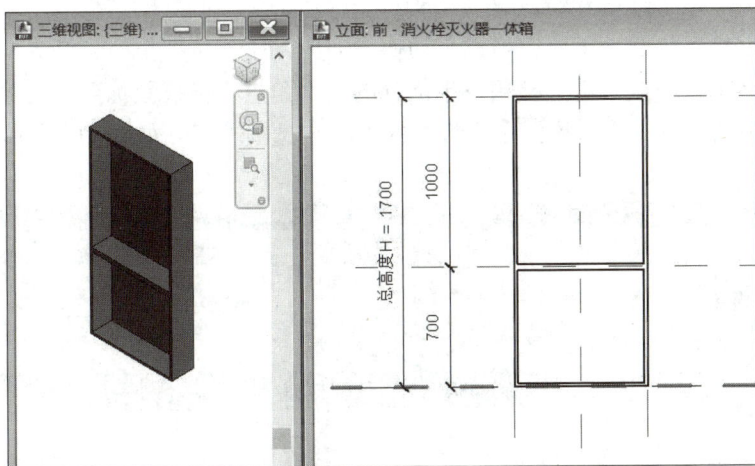

图 11-24

【随堂习题】

1.（单选题）在 Revit 中，设置消火栓箱高度方向上的参数，需要到（　　）中去进行设置。

A.平面视图

B.三维视图

C.立面视图

D.图纸

2.（多选题）Revit 中用于删除部分实心形状的命令有（　　）。

A.拉伸

B.空心拉伸

C.旋转

D.空心旋转

3.（判断题）在 Revit 中，消火栓箱体上、下两个空心部分，不可以同时进行空心拉伸。（　　）

任务 11.2　消火栓箱盖板的绘制

1.箱盖的金属框绘制

消火栓灭火器一体箱的箱盖，外边有一个金属边框，中间是透明的玻璃。金属边框的材质要求是不锈钢，各部分宽度都是 50，厚度也是 50。金属边框绘制的具体操作方法和步骤如下：

（1）转到前立面视图→单击【创建】选项卡→【形状】面板→【拉伸】按钮。

（2）单击【修改 | 创建拉伸】选项卡→【绘制】面板→【矩形】▭按钮→点击消火栓灭火器一体箱外边缘的左上角点→拖拽鼠标到外边缘的右下角点→把【选项】栏中的偏移量设置为"50"→以上一步绘制好的边框线为基准，点击其左上角点，按一下【空格键】切换为向内偏移→拖拽鼠标到消火栓箱上半部的右下角点→点击消火栓箱下半部分的左上角点，拖拽鼠标到消火栓箱下半部的右下角点→点击【模式】面板中的【✔】选项按钮，如图 11-25 所示。

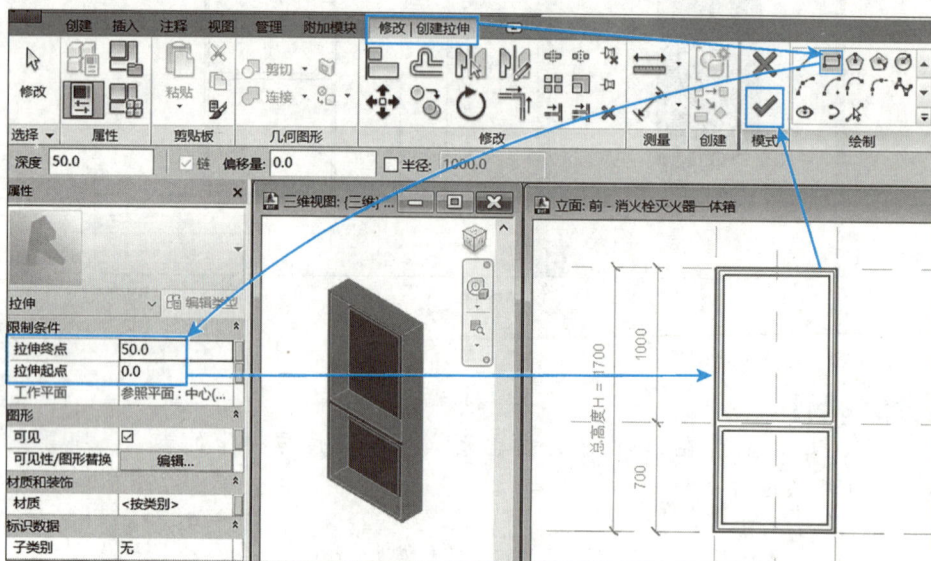

图 11-25

（3）选中金属边框→在【属性】面板中的"材质和装饰"中，单击"材质"右边【材质浏览器】按钮→弹出【材质浏览器】对话框，如图 11-26 所示。

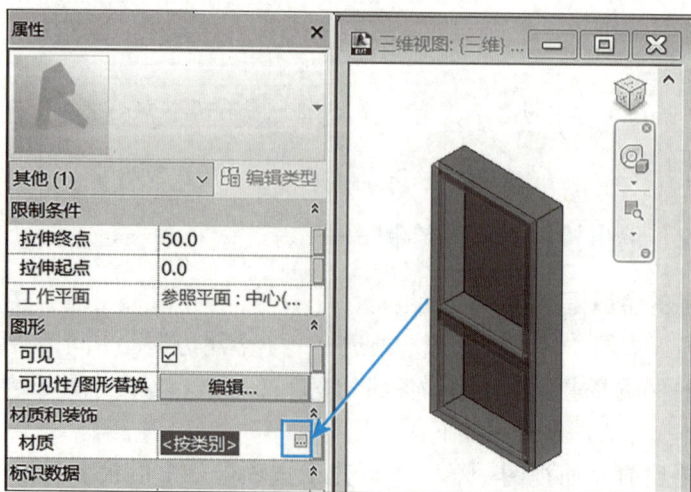

图 11-26

（4）点击【材质浏览器】对话框下方的【创建并复制材质】按钮，选择"新建材质"。右键点击"默认为新材质"选择"重命名"，定义为"不锈钢"。

（5）单击【材质浏览器】对话框下方的【资源浏览器】按钮→弹出【资源浏览器】对话框→在搜索框中输入"不锈钢"，搜索结果显示有很多种类，因为真题中没有具体的要求，所以任选一种，点击右侧向上箭头→单击【确定】按钮，如图 11-27 所示。

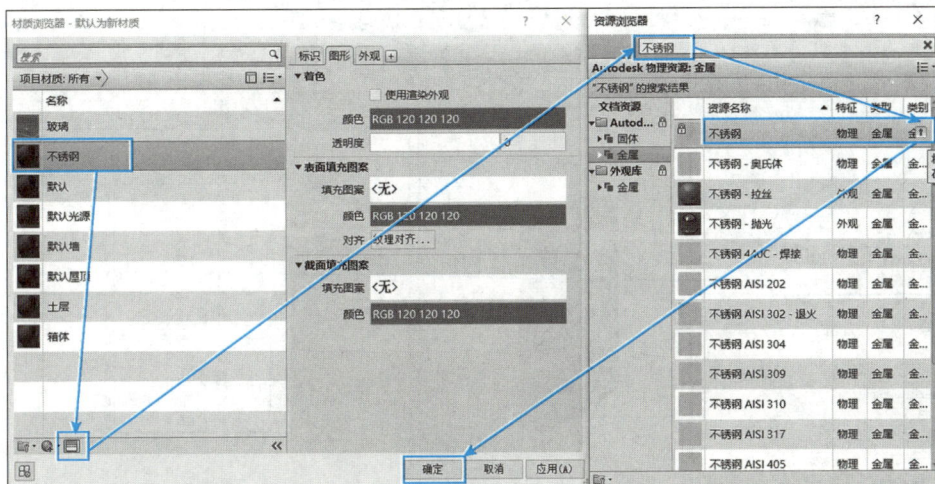

图 11-27

这时金属边框的材质变成了"不锈钢"，如图 11-28 所示。

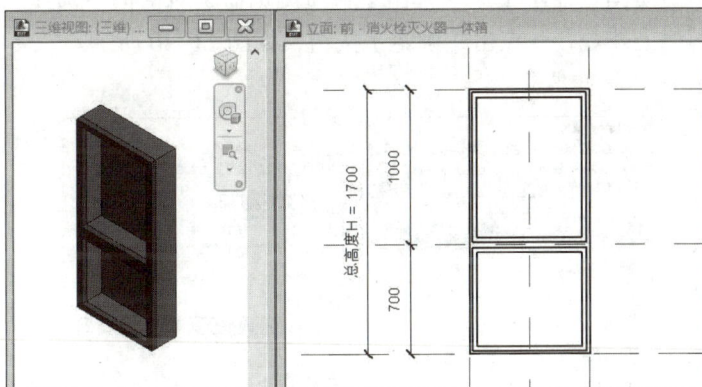

图 11-28

2. 玻璃嵌板的绘制

根据真题中考题 3 的要求，我们将箱盖中间面板材质设置为"玻璃"，具体操作方法和步骤如下：

（1）单击【创建】选项卡→【形状】面板→【拉伸】按钮。

（2）单击【修改｜创建拉伸】选项卡→【绘制】面板→【矩形】▱按钮。分别选择消火栓和灭火器金属边框的内边缘绘制矩形，将两部分一起进行拉伸→在【属性】栏的"限制条件"中，将拉伸终点设置为"50"→点击【修改｜创建拉伸】选项卡→【模式】面板→【√】按钮，如图 11-29 所示。

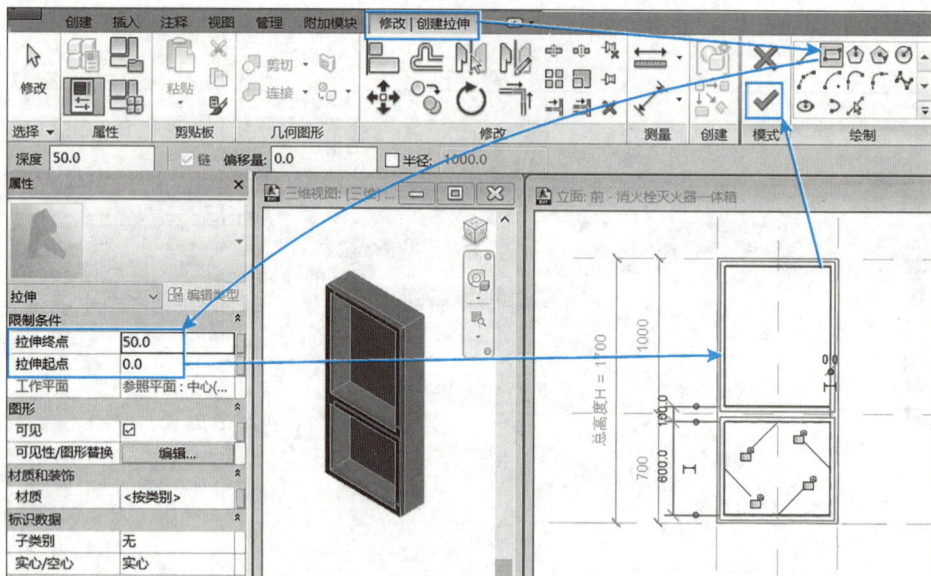

图 11-29

（3）选中玻璃嵌板→在【属性】面板中的"材质和装饰"中，单击"材质"右边【材质浏览器】按钮→弹出【材质浏览器】对话框→选择"玻璃"→勾选"使用渲染外观"→点击【确定】按钮，如图 11-30 所示。

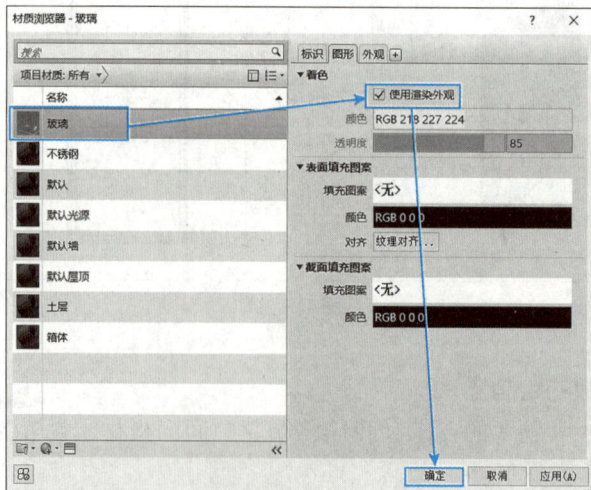

图 11-30

消火栓灭火器一体箱的玻璃嵌板完成图，如图 11-31 所示。

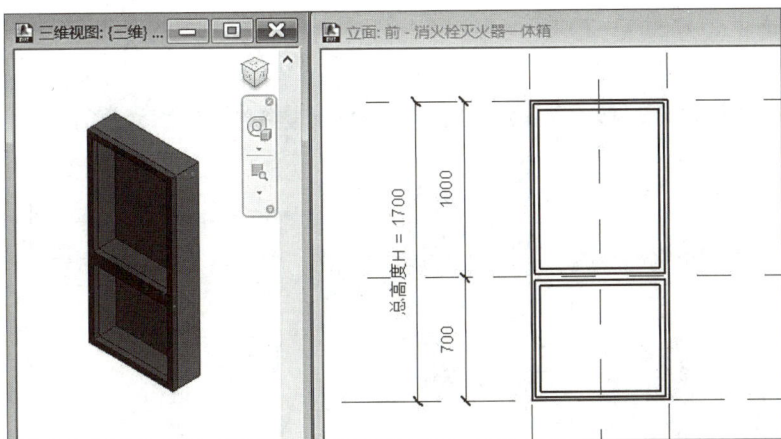

图 11-31

3. 模型文字的绘制

真题中考题 3 要求，在箱盖表面添加模型文字，具体操作方法和步骤如下：

（1）单击【创建】选项卡→【模型】面板→【模型文字】按钮，如图 11-32 所示。

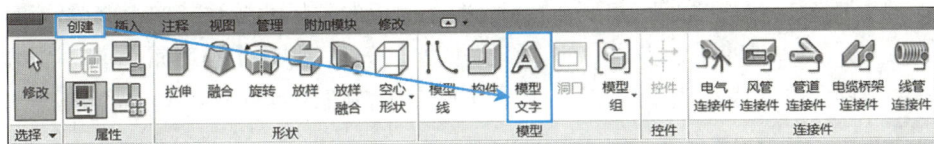

图 11-32

（2）弹出【编辑文字】对话框→在对话框中输入"消火栓"→单击【确定】按钮，如图 11-33 所示。

（3）将文字放在玻璃嵌板上，如图 11-34 所示。

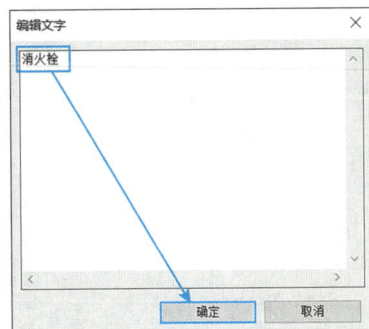

图 11-33

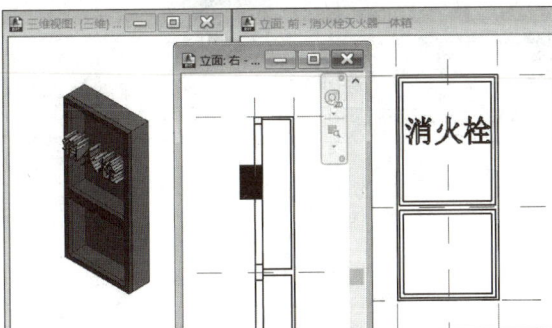

图 11-34

（4）单击选择文字→【修改｜模型文字】选项卡→【工作平面】面板→单击【拾取新的】选项按钮→在三维视图中单击玻璃嵌板表面，将文字放在玻璃嵌板表面上，如图 11-35 所示。

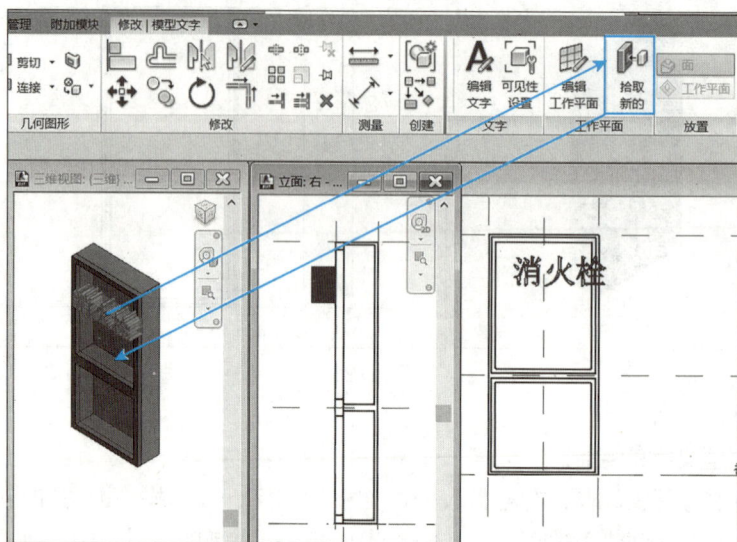

图 11-35

（5）选中文字"消火栓"→在【属性】面板的"尺寸标注"中，修改深度值为"5"→单击【属性】栏中的【编辑类型】按钮，弹出【类型属性】对话框→将其中的文字大小改成"70"→点击【确定】按钮，如图 11-36 所示。

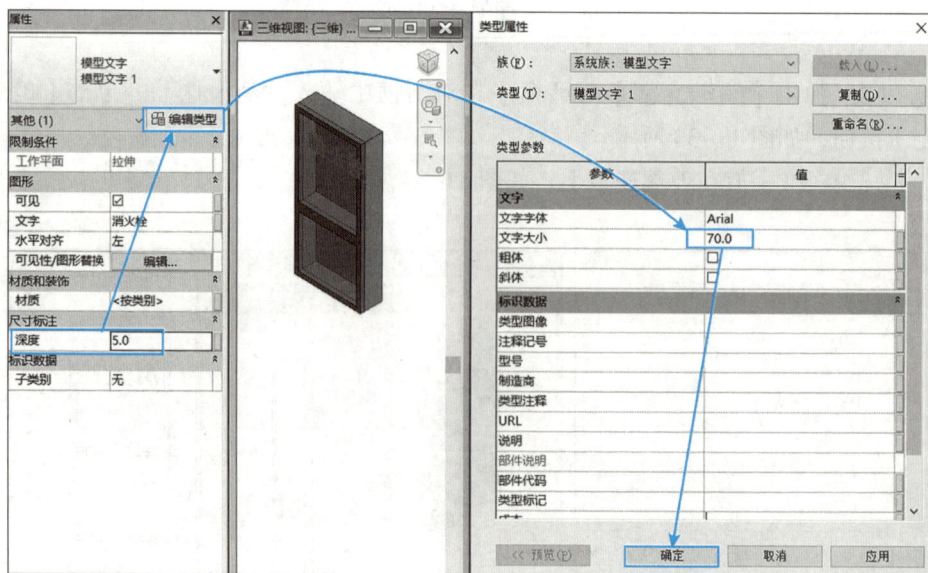

图 11-36

（6）输入快捷键"AL"应用【对齐】命令，将文字与玻璃嵌板中心对齐→输入快捷键"CC"应用【复制】命令，复制出另一个文字，并修改为"灭火器"→将文字"灭火器"放置到正确位置，如图 11-37 所示。

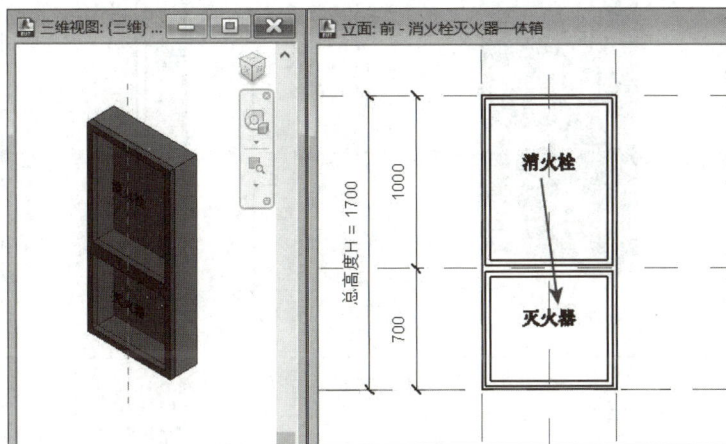

图 11-37

【随堂习题】

1.（单选题）Revit 软件如何进行消火栓箱盖边框材质的设置？（　　）

A. 通过过滤器进行设置

B. 通过系统类型调整材质设置

C. 通过编辑类型进行设置

D. 通过属性栏进行设置

2.（多选题）Revit 软件调整模型文字的大小，通过（　　）进行设置。

A. 族类别和族参数

B. 类型属性

C. 族类型

D. 属性栏中的编辑类型

3.（判断题）Revit 材质浏览器中，可以搜索材质也可以新建材质。（　　）

任务 11.3　管道连接件的绘制

1. 进水管的绘制

真题中考题 5 要求，在箱体左侧添加管道连接件，连接件的高度是"1100"，直径是"65"。连接件的长度并没有给出，我们自己给定。具体操作方法和步骤如下：

（1）转到左立面视图→输入快捷键"RP"绘制基于箱体底面高"1100"的参照平面，竖向再绘制一平分箱体的参照平面，那么这两个参照平面的交点就是进水管的中心，如图 11-38 所示。

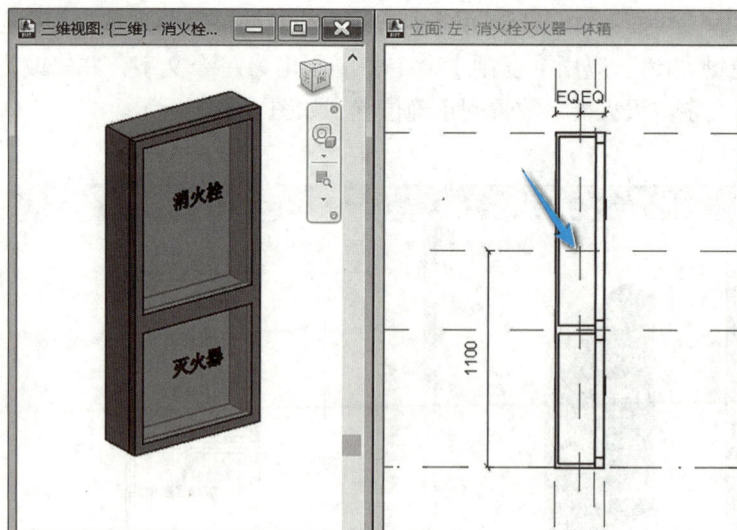

图 11-38

（2）单击【创建】选项卡→【工作平面】面板→【设置】按钮，如图 11-39
所示。

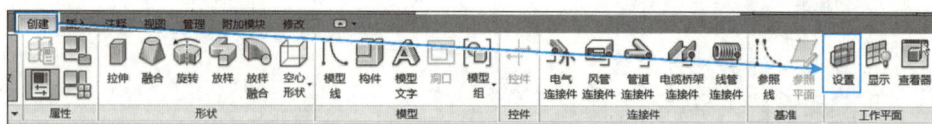

图 11-39

（3）弹出【工作平面】对话框，选择"拾取一个平面"→单击【确定】按
钮→拾取要放置管道连接件的箱体左侧面，如图 11-40 所示。

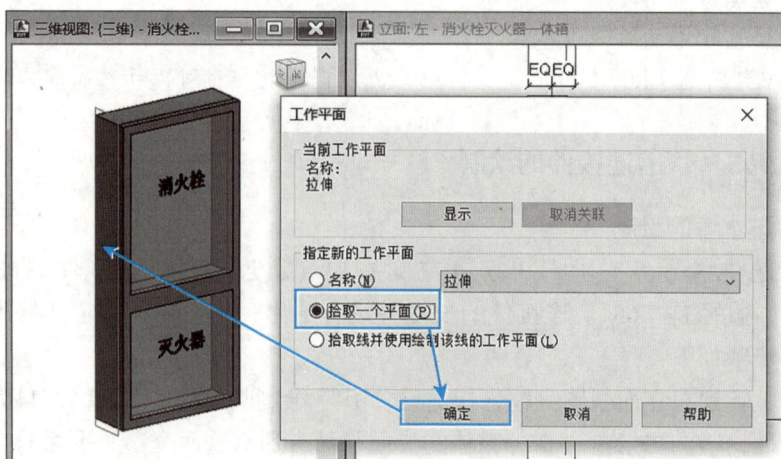

图 11-40

（4）在【转到视图】对话框中，选择"立面：左"→点击【打开视图】按钮，如图 11-41 所示。

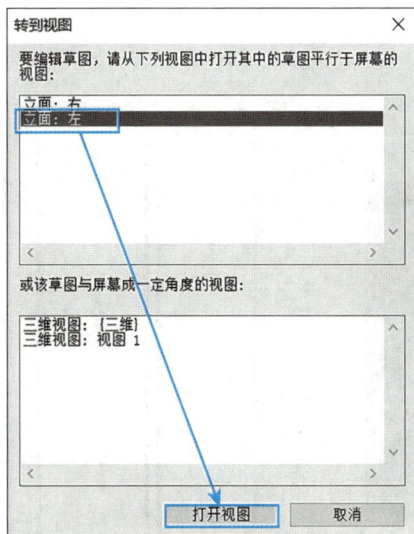

图 11-41

（5）单击【创建】选项卡→【形状】面板→【拉伸】选项按钮→单击【修改 | 创建拉伸】选项卡→【绘制】面板→【圆形】 按钮→设置进水管长度为 50 →以两个参照平面的交点为圆心绘制进水管，半径输入"=65/2"→点击【修改 | 创建拉伸】选项卡→【模式】面板→【 ✔ 】按钮，如图 11-42 所示。

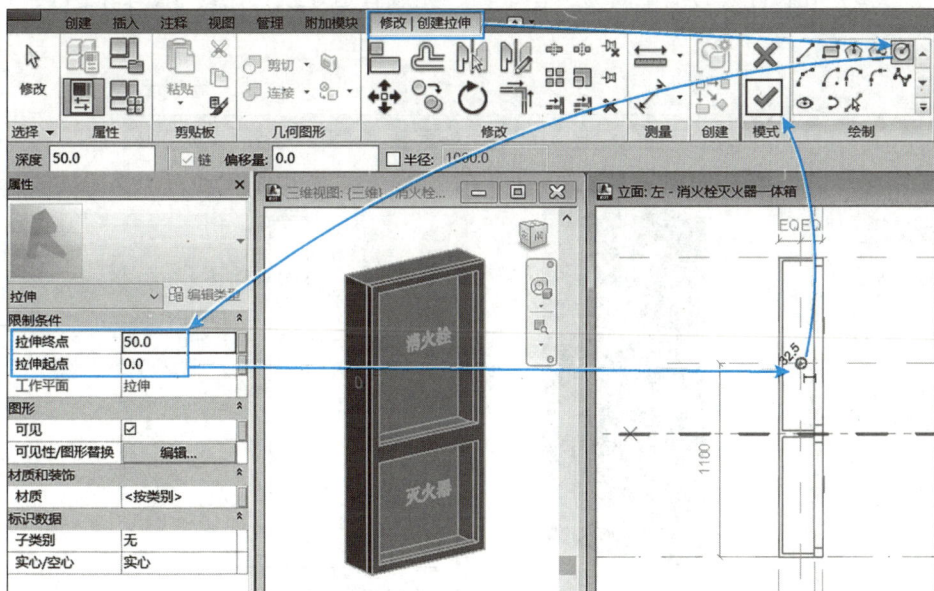

图 11-42

（6）把绘制的圆形与水平参照平面进行锁定。输入快捷键"AL"【对齐】命令→选中水平参照平面→选中圆形，将之与水平参照面对齐→点击"锁头"🔒图标进行锁定→点击【修改丨创建拉伸】选项卡→【模式】面板→【✔】按钮，如图 11–43 所示。

图 11-43

2. 管道连接件的绘制

管道连接件设置，具体操作方法和步骤如下：

（1）单击【创建】选项卡→【连接件】面板→【管道连接件】按钮。

（2）拾取管道的横截面为工作平面，完成管道连接件的绘制，如图 11–44 所示。

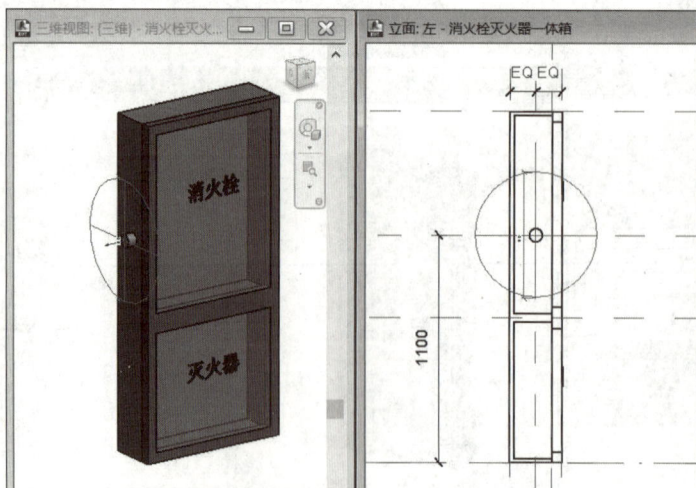

图 11-44

（3）对管道连接件进行参数的设置。选中管道连接件，在【属性】栏的"机械"中，将流向改为"进"→系统分类选择"其他消防系统"→将尺寸标注的直径设为"65.0"→单击【应用】按钮，如图 11-45 所示。

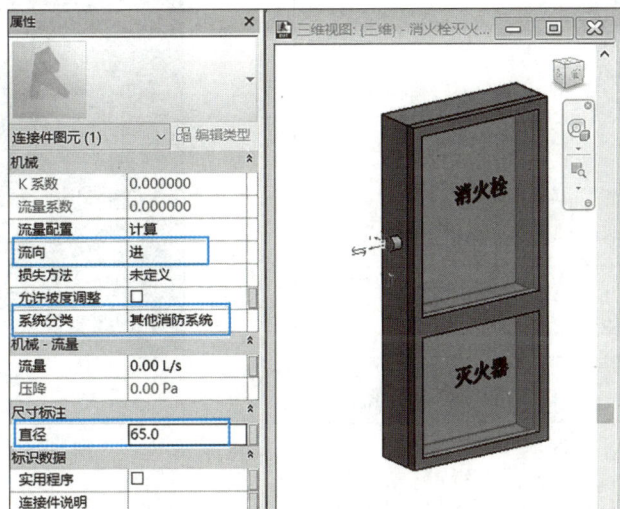

图 11-45

3. 族类别的设置

真题中要求，选择该族类别为"机械设备"，具体操作方法和步骤如下：

（1）单击【修改】选项卡→【属性】面板→【族类别和族参数】选项按钮，如图 11-46 所示。

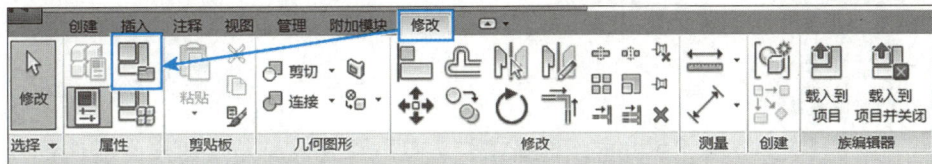

图 11-46

（2）弹出【族类别和族参数】对话框，如图 11-47 所示。在"过滤器列表"下拉菜单中，选择"机械"，选择其中的"机械设备"，单击【确定】按钮。

这样，就完成了"族类别和族参数"的设置。到此为止，整个"消火栓灭火器一体箱"族也就全部创建完成了，如图 11-48 所示。

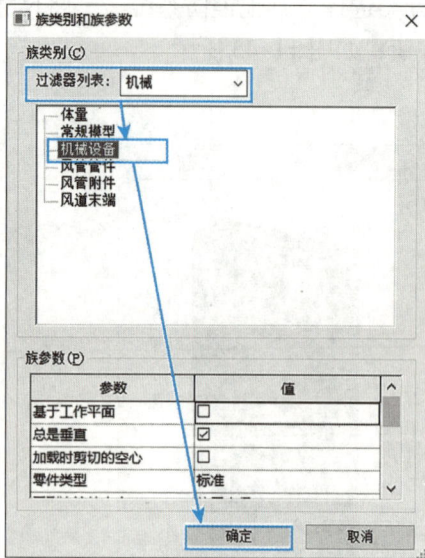

图 11-47

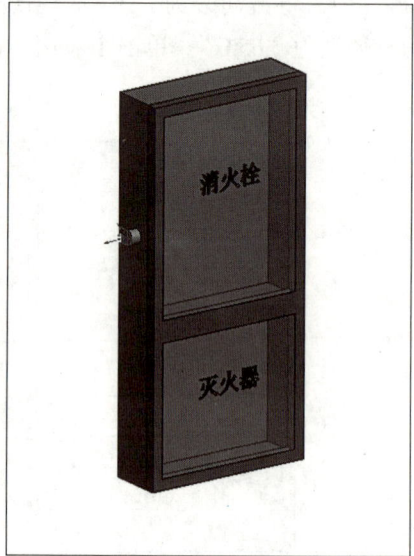

图 11-48

【随堂习题】

1.（单选题）消火栓箱体管道连接件的"流向"选择（　　）。

A. 进

B. 出

C. 单向

D. 双向

2.（多选题）Revit"公制常规模型"族样板，可以创建（　　）连接件。

A. 电气

B. 风管

C. 卫浴

D. 电缆桥架

3.（判断题）在 Revit 中，选择"族类型"将消火栓箱族的族类别设置为"机械设备"。（　　）

单元12　喷淋稳压罐三维族创建

本单元以《2021 年第三期 "1+X" 建筑信息模型（BIM）职业技能等级考试中级（建筑设备方向）实操试题第一大题：设备族创建》为实例进行讲解。在本单元中，简称为 "真题"。

2021 年第三期 "1+X" 中级真题 – 喷淋稳压罐

真题要求根据给出的图纸尺寸建立 "喷淋稳压罐" 族，在罐体表面添加标识，设置罐体材质为 "红色油漆"，设置罐体总高度、罐体半径以及底座高为可变尺寸参数，在管道连接处添加管道连接件以及设定族的类别等。

喷淋稳压罐主体是一个上下带有弧度的圆柱体，主体顶部有一个圆形带帽盖口，罐体上注有文字，主体下部有三脚底座和出水管，出水管有一个管道连接件，如图 12-1 所示。

喷淋稳压罐图纸的识读

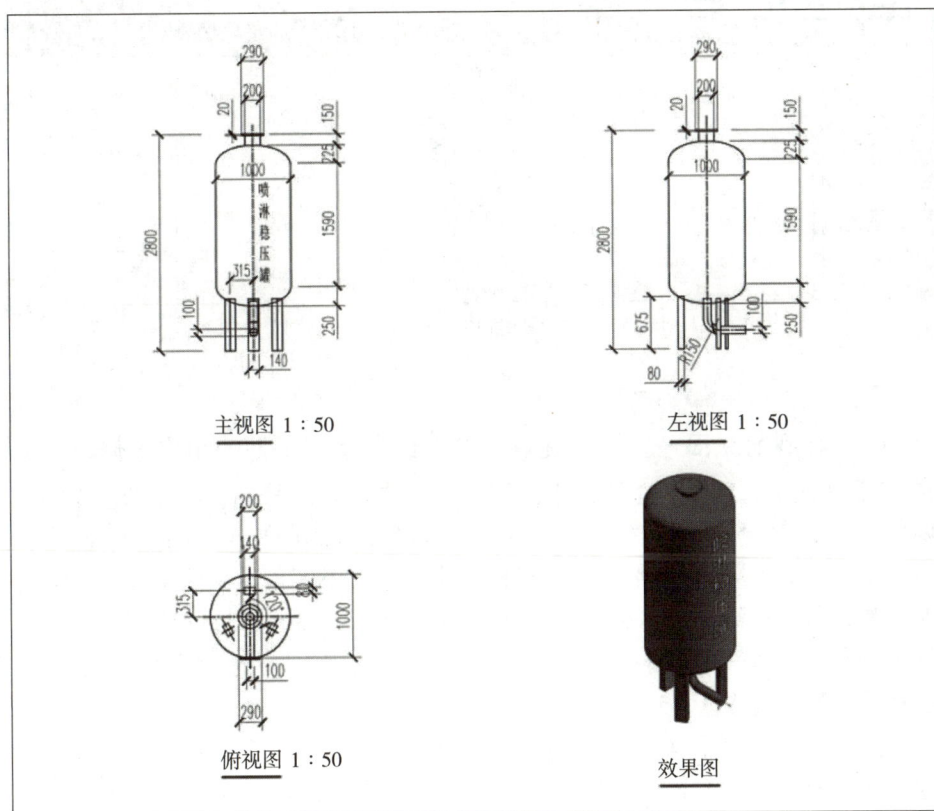

根据题目要求，可知喷淋稳压罐主体部分和底座尺寸是可变的，图 12-1 中罐体直径 "1000"、罐体总高度 "2800" 以及底座高 "675"，都是可变的量。我们需要对可变的量进行参数设置。

图 12-1

以上就是真题的一些具体要求和图形尺寸，下面我们开始进行绘制。

任务 12.1　喷淋稳压罐罐体的绘制

1. 罐体主体的绘制

从图 12-1 中可知，罐体主体是一个上下带有弧度的圆柱体，我们可以在前立面图中绘制左半或右半罐体的轮廓，以罐体竖向中心轴线为旋转轴，用【旋转】命令完成绘制。罐体主体的具体操作方法和步骤如下：

（1）新建一个族文件→在模型样板中选择"公制常规模型"→【打开】→将其命名为"喷淋稳压罐"→保存，如图 11-1 所示。

（2）之后要进行可变参数的设置，为了便于观察当这些可变参数进行变化时图形如何随着进行变化，将视图界面调成如图 12-2 所示的状态。

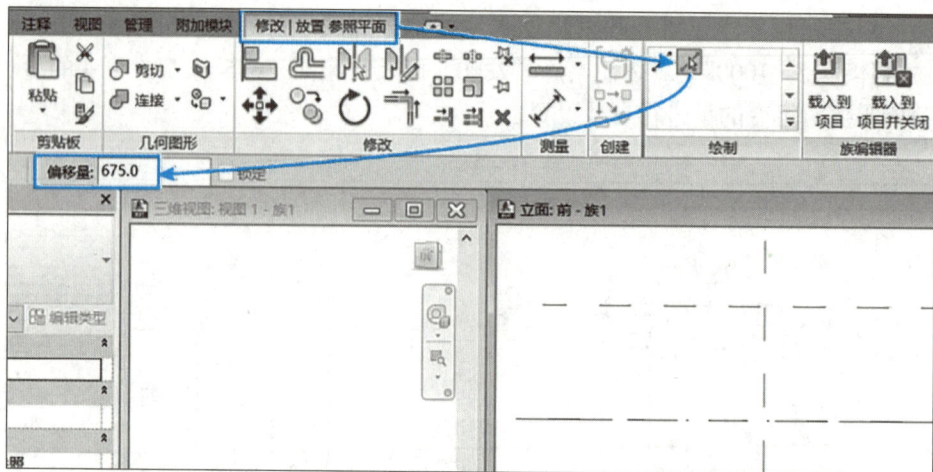

图 12-2

（3）转到前立面→输入快捷键"RP"绘制参照平面→单击【修改 | 放置 参照平面】选项卡→【绘制】面板→【拾取线】按钮，在【选项】栏中偏移量输入"675"，向上绘制出一水平方向上的参照平面→在【选项】栏中偏移量输入"2800"，在水平方向上绘制向上偏移"2800"的参照平面→用同样的方法，再依次绘制出从"2800"以下偏移"20""130""225""1590""250"的水平参照平面→用同样的方法，再绘制出一条竖直方向的参照平面，位于中心轴线右侧，偏移量"500"。

（4）真题中考题 4 要求设置罐体总高度、罐体半径、底座高为可变参数，我们要为可变参数的设置做一些准备，对模型进行尺寸标注，如图 12-3 所示。

（5）单击【创建】选项卡→【形状】面板→【旋转】按钮，如图 12-4 所示。

（6）单击【修改｜创建旋转】选项卡→【绘制】面板→【边界线】按钮→【直线】按钮和【样条曲线】按钮→绘制旋转的罐体形状→点击"锁"标识，将绘制好的"矩形箱体"与参照面约束在一起→【轴线】按钮→沿旋转轴线绘制竖向轴线→单击【✔】按钮，如图 12-5 所示。

图 12-3

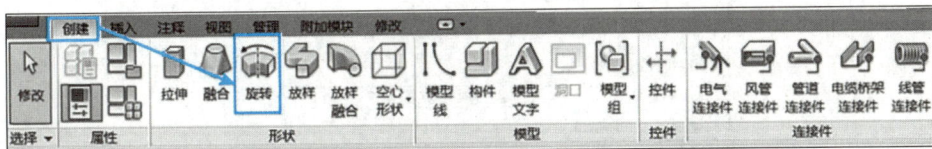

图 12-4

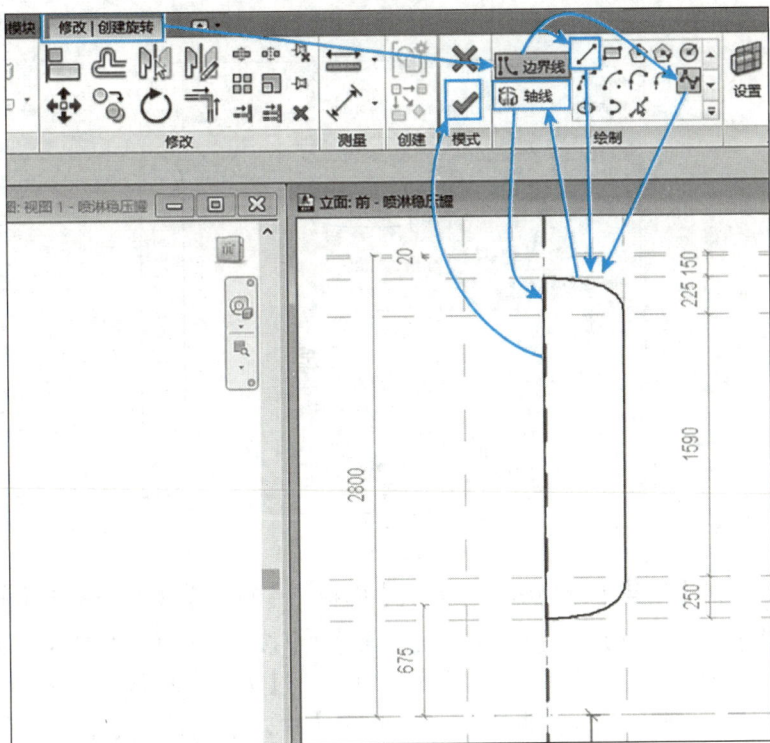

图 12-5

177

将绘制好的"喷淋稳压罐罐体"与参照面约束在一起，是一步很重要的工作。之后要进行可变参数的设置，建立好约束后，所绘制的罐体尺寸就会和参照面一起进行变化。

2. 罐体顶部附件的绘制

（1）单击【创建】选项卡→【工作平面】面板→【设置】按钮，弹出【工作平面】对话框→选择"拾取一个平面"（图12-6）→单击【确定】→单击选中罐体顶部最高点对应的参照平面→在弹出的【转到视图】对话框中选择"楼层平面：参照标高"→单击【打开视图】（图12-7），转到"参照标高"平面视图。

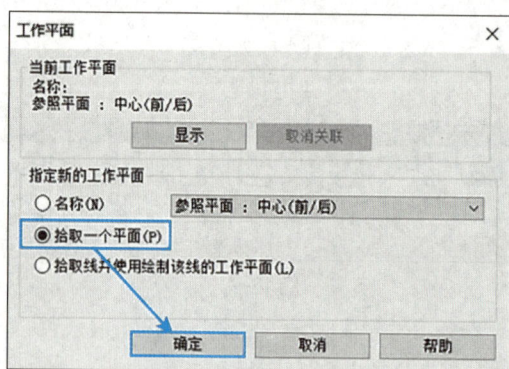

图 12-6

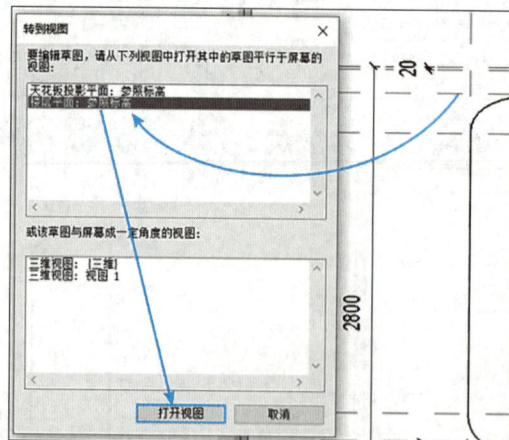

图 12-7

（2）单击【创建】选项卡→【形状】面板→【拉伸】按钮→单击【修改 | 创建拉伸】选项卡→【绘制】面板→【圆形】 按钮→在【选项栏】单击勾选"半径"前的复选框，将半径值修改为"100"→【属性】面板中，"拉伸起点"设为"0"，"拉伸终点"设为"130"→单击【模式】面板中【✔】按钮，如图12-8所示。

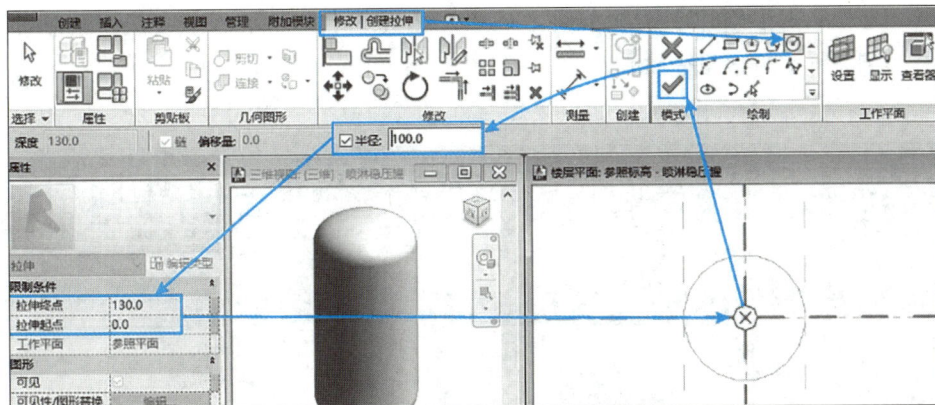

图 12-8

（3）重复步骤（2），在刚刚绘制的小圆柱上方再绘制一个直径为 290mm、高为 20mm 的小圆柱，如图 12-9 所示。

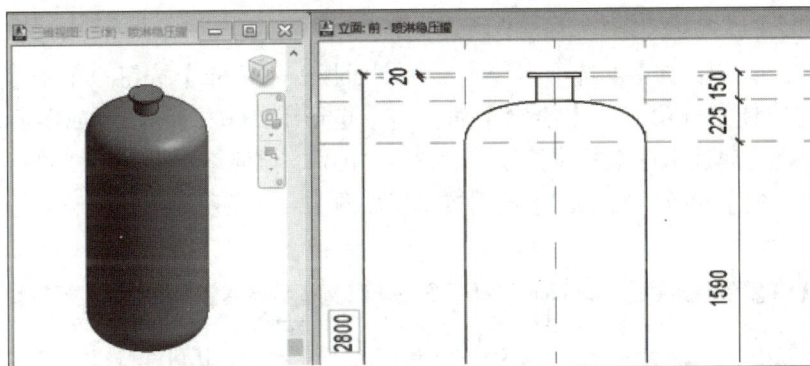

图 12-9

3. 底座的绘制

底座的具体绘制方法和步骤如下：

（1）单击【创建】选项卡→【工作平面】面板→【设置】按钮，弹出【工作平面】对话框→选择"拾取一个平面"→单击【确定】→单击选中图中箭头所指的参照平面（图 12-10）→在弹出的【转到视图】对话框中选择"楼层平面：参照标高"→单击【打开视图】，转到"参照标高"平面视图。

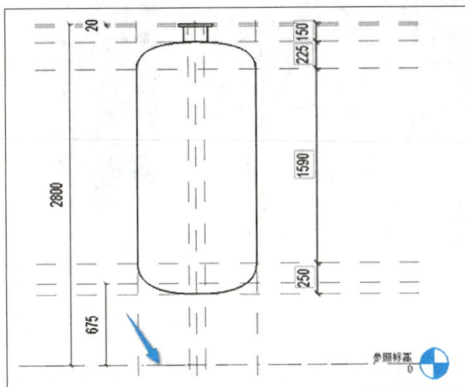

图 12-10

（2）单击【创建】选项卡→【基准】面板→【参照平面】按钮→绘制如图 12-11 所示的参照平面。

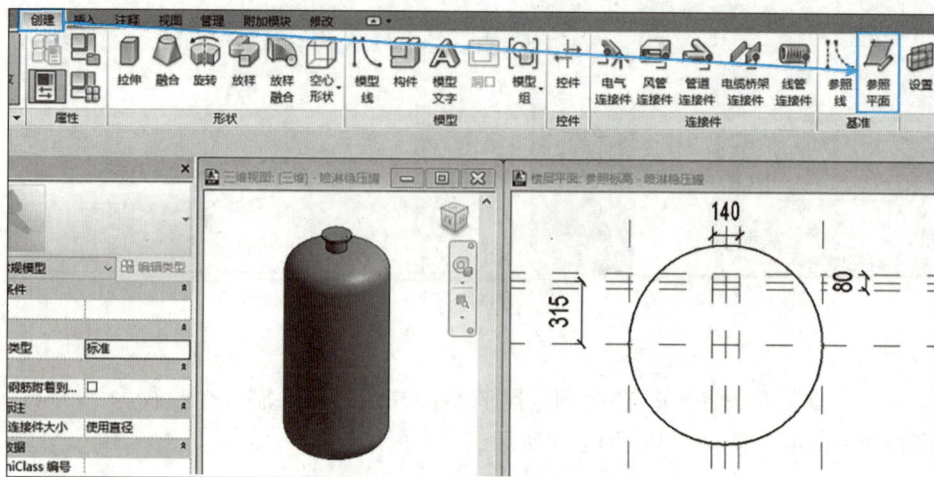

图 12-11

（3）单击【创建】选项卡→【形状】面板→【拉伸】按钮→单击【修改｜创建拉伸】选项卡→【绘制】面板→【矩形】 按钮→绘制如图所示的矩形→把【属性】栏中的拉伸起点设置为"0.0"、拉伸终点设置为"675.0"→点击【模式】面板中的【✔】选项按钮，如图 12-12 所示。

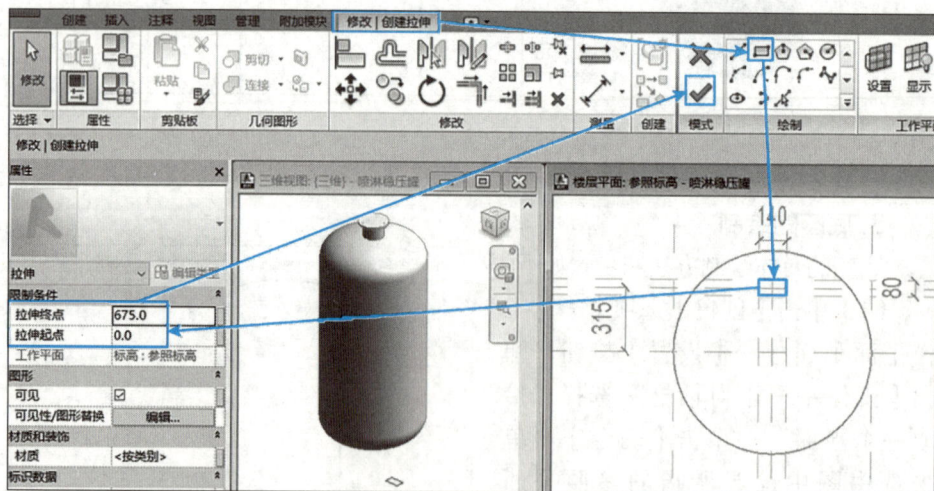

图 12-12

（4）单击【修改｜拉伸】选项卡→【修改】面板→【阵列】 按钮（快捷键"AR"）→在【选项栏】中，选中"径向" ，项目数设置为"3"，单击选

中旋转中心后的"地点"→在图中圆心处单击→在矩形中心处单击→输入角度
"120"，完成阵列，如图 12-13 所示。

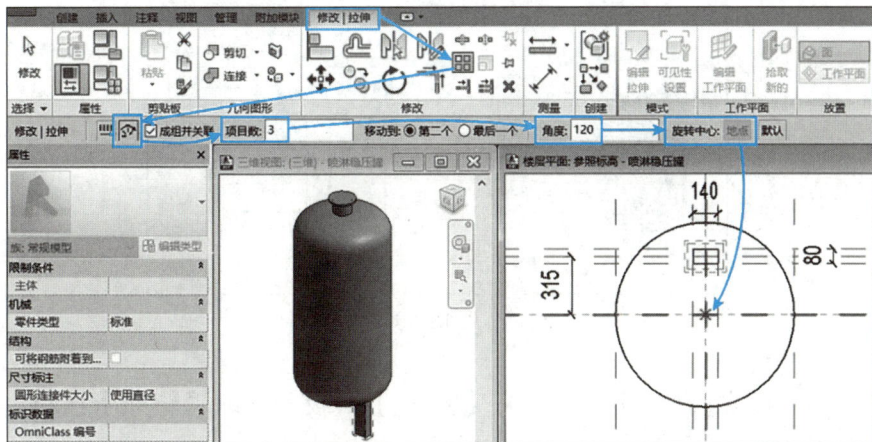

图 12-13

4. 出水管的绘制

出水管的具体绘制方法和步骤如下：

（1）转到左视图→单击【创建】选项卡→【形状】面板→【放样】按钮，
如图 12-14 所示。

图 12-14

（2）【修改 | 放样】选项卡→【放样】面板→【绘制路径】按钮，如
图 12-15 所示。

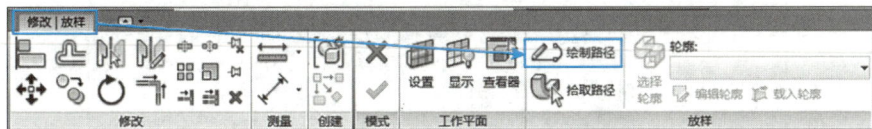

图 12-15

（3）【修改 | 放样 > 绘制路径】选项卡→【绘制】面板→利用【直线】按钮
和【圆角弧】 按钮，绘制放样路径→点击【模式】面板中的【✔】选项按
钮，如图 12-16 所示。

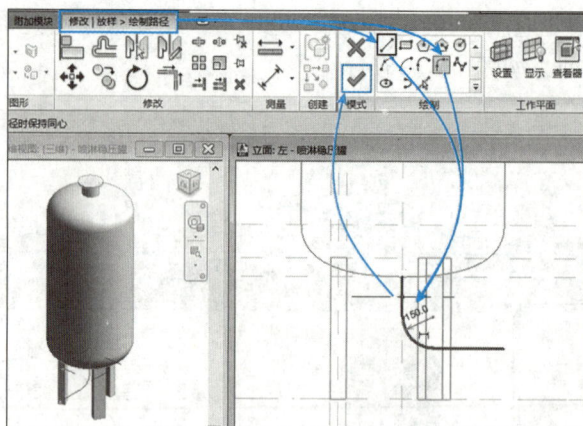

图 12-16

（4）【修改|放样】选项卡→【放样】面板→【编辑轮廓】按钮，如图 12-17 所示。

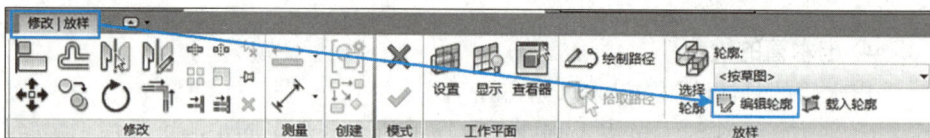

图 12-17

（5）在弹出的【转到视图】对话框中，选择"楼层平面：参照标高"→单击【打开视图】按钮→【修改|放样 > 编辑轮廓】选项卡→【绘制】面板→【圆形】 按钮→选项栏中，半径设置为"50.0"→单击圆心→点击【模式】面板中的【✓】选项按钮→再次点击【模式】面板中的【✓】选项按钮，如图 12-18 所示。

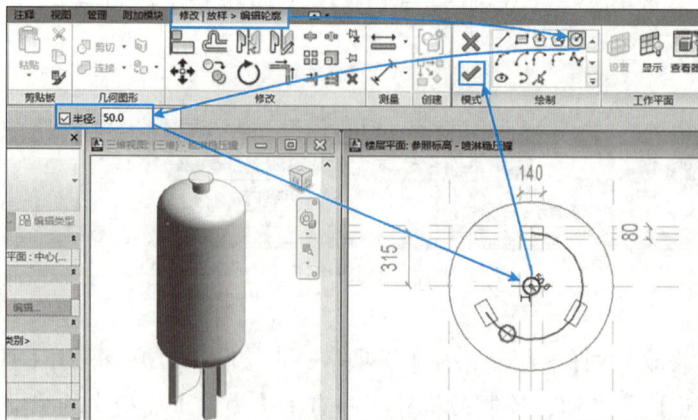

图 12-18

至此，喷淋稳压罐罐体的绘制完成。

5. 标识文字的绘制

真题中考题 2 要求，在罐体表面添加"喷淋稳压罐"标识，具体操作方法和步骤如下：

（1）转到左视图→将竖向轴线向右偏移"500"，即在罐体前表面的位置，绘制一个参照平面→单击【创建】选项卡→【工作平面】面板→【设置】按钮，弹出【工作平面】对话框→选择"拾取一个平面"→单击【确定】→单击选中刚刚绘制的参照平面→在弹出的【转到视图】对话框中选择"立面：前"→单击【打开视图】，转到前立面视图。

（2）单击【创建】选项卡→【模型】面板→【模型文字】按钮。

（3）弹出【编辑文字】对话框→在对话框中输入我们所需要的文字"喷淋稳压罐"→单击【确定】按钮→单击选中文字→在【属性】面板中将尺寸标注深度修改为"5.0"→单击【编辑类型】按钮，弹出【类型属性】对话框→将文字大小数值修改为"220.0"→单击【确定】按钮，如图 12-19 所示。

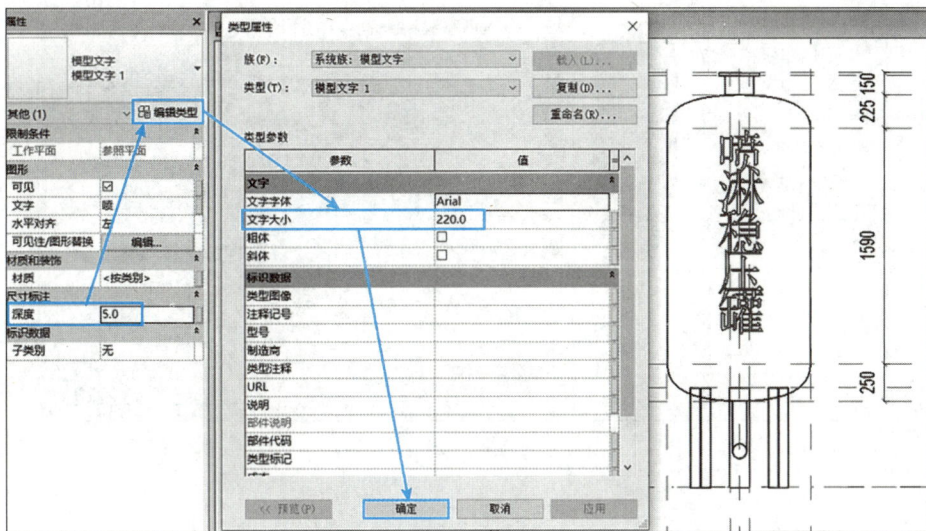

图 12-19

【随堂习题】

1.（单选题）关于喷淋稳压罐罐体的绘制，以下说法正确的是（　　　）。

A. 使用拉伸的方法最好

B. 使用融合的方法最好

C. 使用旋转的方法最好

D. 使用放样的方法最好

2.（多选题）关于喷淋稳压罐底座的绘制，以下说法正确的是（　　　）。

A. 应采用矩形阵列命令

B. 应采用环形阵列命令

C. 阵列角度选择 120°

D. 阵列角度选择 360°

3.（判断题）喷淋稳压罐顶部法兰的绘制，管道部分和法兰部分必须分开完成。（　　　）

任务 12.2　喷淋稳压罐参数的设置

1. 罐体材质的设置

罐体材质设置方法如下：

选中罐体各部件→点击【属性】面板中"材质"右方的"按类别"→再点击右侧出现的"…"，弹出【材质浏览器】对话框→新建一个材质，并命名为"红色油漆"→将其外观和图形选项卡中的颜色修改为红色（RGB 255 0 0）→单击【确定】按钮，如图 12-20 所示。

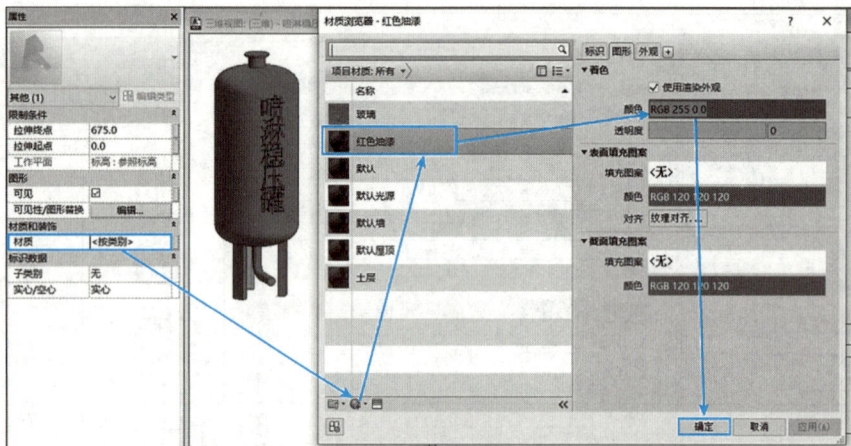

图 12-20

2. 可变参数的设置

真题中考题 4 要求，设置罐体总高度、罐体半径、底座高度为可变尺寸参数，具体操作方法和步骤如下：

（1）单击尺寸标注为"2800"的尺寸线→点击【选项栏】中"标签"的下拉菜单，选择"添加参数"，如图 12-21 所示。

（2）弹出【参数属性】对话框→在"参数数据"中输入名称为"罐体总高度"，把"类型"改成"实例"→单击【确定】按钮，如图 12-22 所示。

（3）图中原尺寸标注变成了"罐体总高度＝2800"，这个参数就是一个可变的参数。其他两个可变参数设置方法相同，设置完成后的结果，如图 12-23 所示。

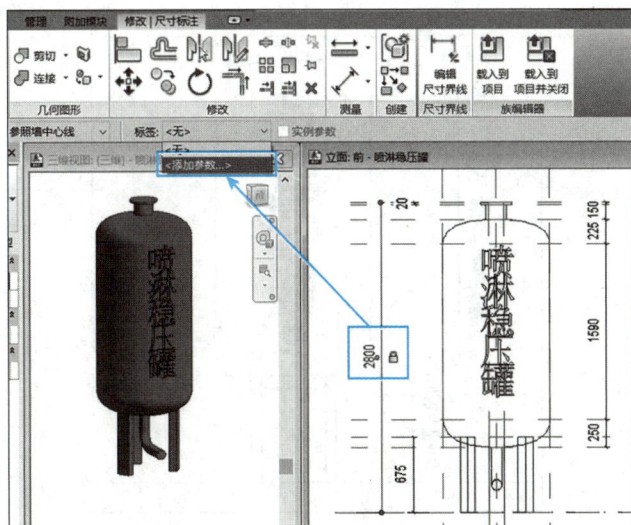

图 12-21

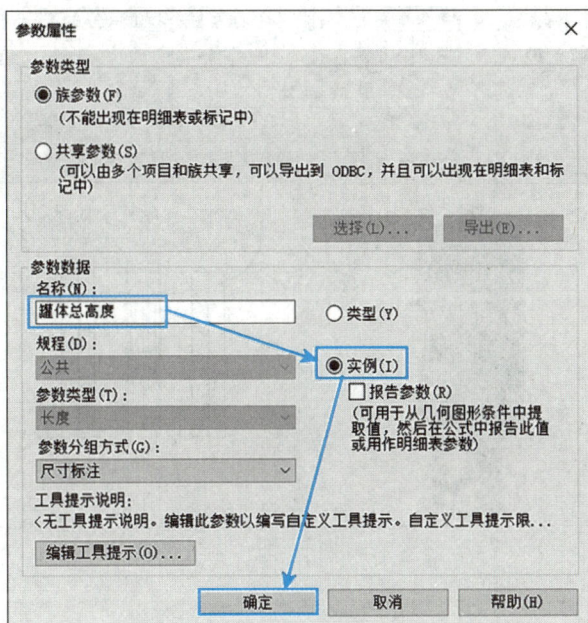

图 12-22

3. 管道连接件的设置

真题中考题 5 要求，在管道连接处添加管道连接件，设置连接件半径为"50.0"。具体操作方法和步骤如下：

（1）单击【创建】选项卡→【连接件】面板→【管道连接件】按钮。

（2）拾取管道的横截面为工作平面，完成管道连接件的绘制，如图 12-24 所示。

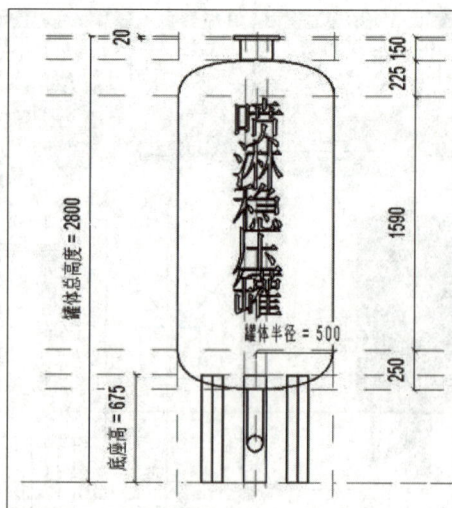

图 12-23

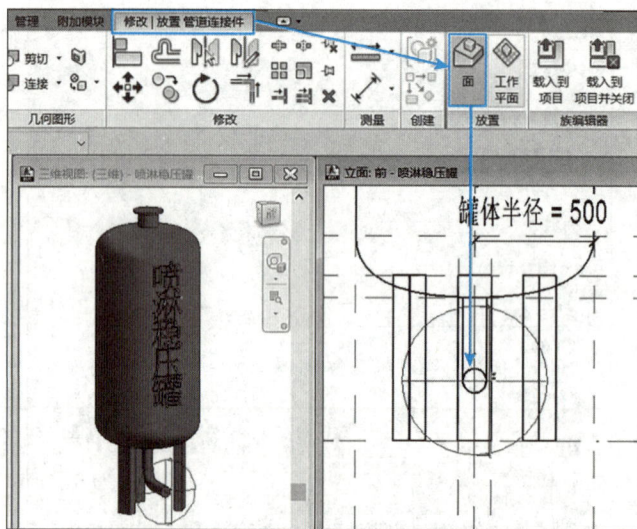

图 12-24

（3）对管道连接件进行参数的设置。选中管道连接件，在【属性】栏的"机械"中，将流向改为"双向"→系统分类选择"其他消防系统"→将尺寸标注的直径设为"50.0"→单击【应用】按钮，如图 12-25 所示。

4. 族类别的设置

真题中考题 6 要求，选择该族的族类别为"机械设备"，具体操作方法和步骤如下：

（1）单击【修改】选项卡→【属性】面板→【族类别和族参数】选项按钮。

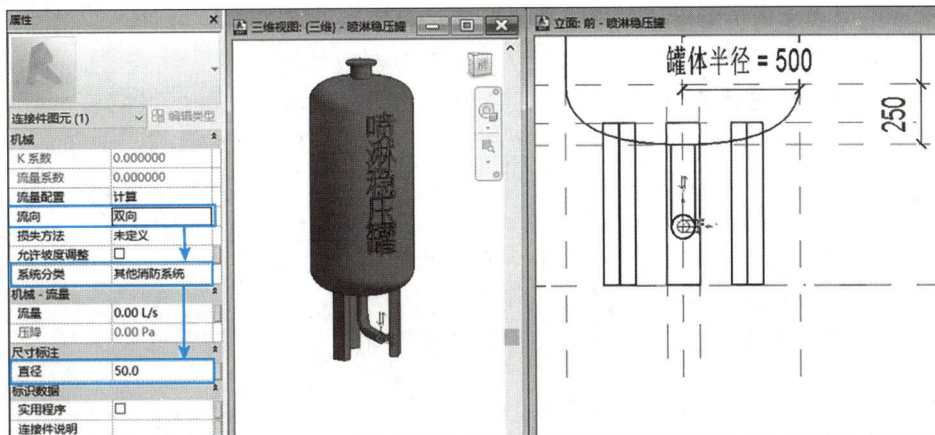

图 12-25

（2）弹出【族类别和族参数】对话框→在"族类别"中，选择"机械设备"→单击【确定】按钮，如图 12-26 所示。

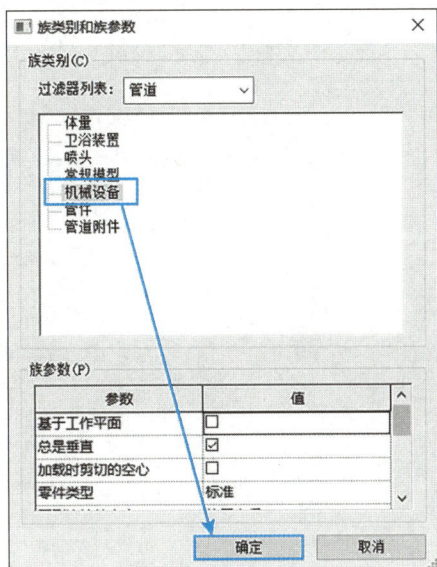

图 12-26

至此，整个"喷淋稳压罐"族就全部按照真题的要求创建完成了。

【随堂习题】

1.（单选题）关于喷淋稳压罐族类别设置，应选择（　　）。

A. 常规模型　　　　　　　　　B. 机械设备

C. 卫浴装置　　　　　　　　　D. 管道附件

2. （多选题）喷淋稳压罐参数的设置，主要包括（　　　）。

A. 罐体材质的设置　　　　　　B. 可变参数的设置

C. 罐体连接件的设置　　　　　　D. 族类别的设置

3. （判断题）喷淋稳压罐的"罐体高度"可设置为可变参数。（　　　）

【模块 4 思考题】

1. 谈谈你对 Revit 中"族"这一概念的理解。

2. 学习三维设备构件族创建有何意义？

3. 与普通族相比，MEP 族有哪些特点和不同？

参考文献

[1] 卫涛，柳志龙，晏清峰. 基于 BIM 的 Revit 机电管线设计案例教程 [M]. 北京：机械工业出版社，2020.

[2] 霍海娥. Revit MEP 管线综合设计 [M]. 北京：科学出版社，2019.

[3] 韩沐昕. 建筑设备 BIM 技术入门 [M]. 哈尔滨：哈尔滨工业大学出版社，2020.

[4] 彭红圃，王伟. 建筑设备 BIM 技术应用 [M]. 北京：高等教育出版社，2020.

[5] 郭进保，冯超. 中文版 Revit MEP 2016 管线综合设计 [M]. 北京：清华大学出版社，2016.